개정 2판

고 소 득

약초 재배

실험 체험 사례를 통한 약초 재배 신기술

유수열 저

머리말

INTR

인류 역사에서 우주 생명을 이끌어 가는데 흙의 문화를 창조한다고 할 수 있는 농업은 옛날부터 인간 생활에 필수요건으로 크게 공헌하여 왔습니다. 그러나 급속한 시대의 변화에 따라 우리 선조 때부터 이끌어 오던 관행적 농사로서는 현대생활에 이끌어 가기 어렵고 그에 따라 대부분의 농가 소득은 저하되고 농촌 발전의 저해 원인이 되고 있는 실정입니다.

이제 우리나라 농업도 시대에 적응하는 상업농시대에 접어들어 고소득 작물으로의 전환과 생력재배, 획기적 증수, 품질향상이 우리 농촌에 필수적 과제로 등장하게 되었습니다.

특히 산지가 많은 우리나라 여건 하에서는 산지를 어떻게 활용하고 어떤 작물을 도입해서 재배하느냐에 따라 농가소득을 결정할 수 있게 되었습니다. 이런 중요한 시점에서 국민 보건향상은 물론 수출 및 농가소득 증대에 크게 기여하고 있는 약용작물의 중요성을 통감하면서 과학적 재배기술과 재배약초의 양과 질을 향상시키고 수입약초의 국내 대체 생산을 위한 순화재배기술 보급을 위하여 지금까지 직접 전문기관에서의 시험재배와 체험을 통해 익힌 실제 기술과 오랜 기간 발굴한 우수사례를 토대로 국내 재배환경 수출입, 자생약초를 감안해 농가재배에 유망한 40종에 대하여 성공으로 이끌 수 있는 실제적 기술을 위주로 지금까지 수집된 자료를 총정리하여 소저를 내게 되었습니다.

ODUCTION

우리나라에서 저술된 동양의학 최고의 고전으로 각국에서 나날이 활용도가 늘어나고 있는 허준의 동의보감이 뒷받침하는 바와 같이 앞으로 세계적인 관심이 고조되는 가운데 한의학의 발전과 약용작물의 국내외 수요가 증가되고 있는 추세입니다.

이에 부응한 수용충족과 새로운 농가 소득작물로 부각되는 약용작물의 새로운 재배기술 책자를 발간하게 됨을 더욱 뜻깊게 생각합니다.

이 작은 성의와 노력이나마 우리나라 약용작물 연구학도와 재배농가에 크게 도움이 되어 획기적 소득증대는 물론 크게는 한약재의 세계시장 확장에 기여가 되었으면 하는 바람이 간절합니다.

이 책을 내기까지 아내, 설옥, 재중, 재무 등 온 가족의 정성 어린 도움과, 아낌없이 자료를 제공하여 주신 본소 주산지계와 한국의약품 수출입 협회와 자진하여 출판을 맡아 주신 오성출판사에 심심한 감사를 드립니다.

저자 씀

CONTENTS

CHAPTER

01

약용작물 재배 설계와 경영

Growing Medicinal Plant Design and Management

CHAPTER

02

재배기술 각론

Cultivation Techniques Some Particular Statutes

CHAPTER

01

약용작물 재배 설계와 경영

Growing Medicinal Plant Design and Management

약용작물은 한약재와 양약의 원료로 우리나라는 물론, 해외에서 그 수요량이 증가하는 추세다. 따라서 농촌지역의 새로운 소득작물로 많은 관심을 받고 있다.

연간 유통량

※ 서울 경동시장조사 도매 연평균 가격

	재배약초	자생약초	수입약재
물량	7,800톤	5,200톤	·
금액	약 500억	약 200억	약 270억

그러나 약용작물이라고 해서 아무 것이나 농가소득을 올릴 수 있고 수지가 맞는 것은 아니다. 약용작물재배로 소득을 올린 농가가 있는가 하면 실패하는 경우도 흔하다. 그러므로 약용작물재배를 하려면 사전에 예비지식을 충분히 쌓고 좀 더 치밀한 계획을 세운 후 시작해야 좋은 결과를 맺을 수 있다.

01 약용작물에 따른 적지 선택

약용작물은 기후와 풍토에 따라 수확량과 품질의 차이가 심하다. 수확량을 늘리고, 품질을 향상시키려면 우선 해당지역의 기후와 풍토에 알맞은 약초 종류를 골라서 심어야 한다. 예를 들어 오미자는 따뜻한 평지보다는 고도 300~500m정도 서늘한 곳에서, 산수유는 중·북부지방보다는 남부지방에서 재배하는 것이 유리하다. 우리나라의 주산지를 보면 오미자는 전라북도 장수이고, 산수유는 전라남도 구례·곡성이다.

또한 천궁을 남부지방에서 재배할 경우, 비교적 따뜻한 기후에서 잘 자라는 일천궁이 적당하고 중·북부지방에서는 추위에 잘 견디는 토천궁을 선택해서 재배하는 것이 유리하다.

02 재배 종류의 결정

약용작물 재배의 가장 기본이 되는 것은 재배하고자 하는 작물을 정하는 것이다.
약용작물을 처음 재배하는 농가에서 흔히 저지르는 실수가 재배할 약초 종류를 결정할 때 비싼 값으로 팔리는 약초만을 골라 넓은 땅에 통으로 심었다가 실패하는 경우다.
약용작물을 선택할 때는 충분한 자료수집과 분석을 거쳐 예비지식을 갖추고 자금능력과 기술능력 등을 검토한 후에 결정하여야 한다.
경제적인 면에서 알맞은 종류라 하더라도 우리나라 기후 풍토에 맞지 않고 재배하기가 어려우면 실패하기 쉽다.
비교적 재배기술이 까다로운 종류는 일황련, 천마, 세신 등을 꼽는데 이들을 선택할 때는 신중을 기해야 한다.
현재 재배되고 있는 약용작물은 50여 종이 있으며, 심은 후 수확할 때까지의 기간에 따라 단기성 약용작물, 장기성 약용작물로 구분한다.

① 단기성 약용작물(1~2년째 수확)

반하, 천궁, 사삼, 지황, 황기 등

② 장기성 약용작물(3~7년째 수확)

시호, 두충, 산수유, 오미자, 작약, 일황련 등

일반적으로 소자본으로 시작할 때는 단기성 약용작물 중에서 비교적 수익성이 높고 안정성 있는 종류를 선택하여 자본회전을 빨리 시키는 것이 유리하다. 그리고 약용작물의 시세는 해마다 변동이 심하므로 장기성 약용작물을 선택하여 재배하면 오랜 기간 동안 심적인 불안이 따르므로 가급적이면 단기성인 것을 선택하는 것이 좋다.

03 품종고르기

약용작물은 품종에 따라 수량 및 가격의 차이가 심하게 난다.

① 수량차이

천궁에 있어 일천궁은 토천궁에 비해서 그 가격 차이가 2배 이상이며, 작약의 경우 백작약(가작약)은 장기성 약용작물로 그 수확량이 많아 경제성이 있으나 적작약(산작약)은 수확량이 극히 적어 재배가치가 없다.

② 가격차이

한약재인 하수오 중 백하수오는 적하수오에 비해서 6~7배 높게 거래되며, 두충은 원두충에 비해서 4~5배 높게 거래된다.
따라서 약용작물의 품종 고르기는 재배농가의 소득과 직결되므로 작물의 품질이 우수하고 수확량이 많은 품종을 선택해야 한다.

04 종자 및 종묘 구입

농사의 성패를 좌우하는 것은 우량종자 및 종묘 구입 여하에 달려 있다. 특히 약용작물의 경우 종자 및 종묘 구입이 어렵고 유명 종묘상에서조차 이들을 취급하고 있지 않아 재배농가에 많은 어려움이 따르고 있다.

① 종자

품종 고유의 특성을 갖추고 정선이 잘 되어 발아력이 좋고 모양과 크기가 고르며 묵직한 것을 골라야 한다. 특히 씨를 받은 후 오래되지 않은 햇종자를 구입해야 하는데 묵은 종자는 발아율이 매우 떨어지고 발아가 된다 해도 성장속도가 느리기 때문이다.

② 알뿌리

알뿌리의 경우 재배하고자 하는 작물의 고유한 모양과 표준 크기를 갖추어야 하며, 겉껍질은 신선한 광택이 있고 갈라진 곳이 없으면서 무거운 것이 좋다. 예를 들어 패모는 수확 이후 정식 때까지 저장을 해야 되는데 이 기간에 공기가 잘 통하는 곳에 널어서 저장하지 않으면 알뿌리의 겉색이 변하고 병무늬가 생기게 된다. 그러므로 고유의 색을 띤 깨끗한 것을 골라야 한다.

③ 숙근초

원뿌리 또는 곁뿌리가 잘 발달된 것이 좋다. 싹과 뿌리가 작은 것은 생육이 나쁘다. 예를 들면 작약은 숙근초인데 곁뿌리와 잔뿌리가 잘 발달된 것을 골라 심으면 성장력이 왕성하다. 뿌리의 좋고 나쁨에 따라 수확시기가 1년 이상 차이가 날 수도 있으니 유의해야 한다.

④ 목본류

원뿌리와 곁뿌리가 잘 퍼지고 같은 해에 수확한 것이라면 큰 것이 우량품이다. 산수유, 두충, 오미자 등이 목본류에 속한다.

05 재배 규모

처음부터 욕심을 내 큰돈을 투자하여 재배했다가 재배기술 부족이나, 구입한 종자 종묘가 나빠서 실패하는 경우가 많다.

그러므로 처음에는 적은 면적으로 시작하여 직접 재배경험을 익히고 자기가 증식하면서 종자 종묘를 점차 확대해 나가는 것이 안전하고 현명한 방법이라 할 수 있다.

06 판로 및 수익성

약용작물은 현재 정부의 생산장려 품목이나 수매작물이 아니므로 수확물의 판로를 재배자 스스로 개척하지 않고 재배하면 후에 곤란해지는 경우가 종종 있다. 그러므로 재배에 앞서 약용작물의 판매처를 먼저 개척해야 안심하고 재배할 수 있다. 그리고 수익성 계산은 매달 발간하는 약업신문을 참고하거나, 한국생약협회에서 한약재 시세를 발표하고 있으므로 이를 수시로 파악하고 수출현황 및 가격 등을 입수, 분석하여 계획수립이나 판매시기 결정 등에 반영하여 농가소득을 높이도록 하여야 한다.

07 토지 이용도 제고

약용작물을 재배할 때는 간작재배 또는 2모작 등, 토지이용도에 따라 작물의 계획 종류를 결정하여야 한다.

이와 함께 야산, 신개간지 등에 재배 가능하지만 각각의 경사도나 토지의 방향에 따라 알맞은 종류를 선택해야 한다. 재배지의 토양과, 위치에 따른 약용작물 종류결정은 재배설계에서 중요한 조건이라 할 수 있다.

08 집단재배 및 공동 가공시설

기존 약용작물의 경우 각 지방에 분산재배로서 계통판매가 불가능하여 수집 상인들이 헐값에 사들이는 경우가 종종 있다.

이를 해결하기 위해 각 지역에 알맞은 약용작물을 주산지 조성이 가능한 곳에서 집단 재배 등의 협동조직을 세워 활용하는 것이 좋다. 또한 공동판매체계를 수립하여 재배자 모두의 이익을 보호하고 서로 판로를 개척하여 생산자의 소득을 향상시켜야 한다.

거두어 들인 약용작물은 가공, 조제과정을 거쳐야 하며, 이 과정 역시 작물의 품질을 좌우하는 데 큰 비중을 차지하므로 집단재배 지역의 경우 공동가공시설을 설치하면 생산비 절감과 품질 향상에 도움이 될 것으로 보인다. 공동가공시설을 갖출 경우 이 시설이 연중 가동할 수 있도록 적절한 약용작물 재배가 이루어져야 할 것이다.

09 노력분배

일반작물의 농사는 봄에 시작하여 가을에 대부분 끝맺게 되어 겨울은 농한기로서 하는 일 없이 시간을 보내는 경우가 많다.
그러나 약용작물은 재배에서부터 가공, 조제까지 연중 일을 할 수 있으므로 약용작물 재배 설계에 있어 연중 노력분배를 효율적으로 할 수 있는 설계가 되어야 한다.

CHAPTER

02

재배기술 각론

Cultivation Techniques Some Particular Statutes

01 당귀

영명
Angelicae gigantis Radix

학명
Angelica gigas NAKAI

과명
미나리과 Apiaceae

01 성분 및 용도

① 성분

뿌리에 정유(약0.2%), 지방산, 구마린 유도체를 함유하고 있다.

② 용도

빈혈증, 진통, 강장, 통경약, 부인병약으로 이용한다.

③ 처방(예)

사물탕, 당귀사역탕, 당귀작약산 등으로 처방한다.

④ 방약합편(황도연 원저)

성온하다. 주로 생혈시키며, 보심하고 부허하며 언결을 쫓는다.

02 모양

산골짜기 습한 곳에 자라는 숙근초로서 높이가 1~2m에 달하며 전체적으로 자줏빛이 돈다. 약용작물로 많이 재배한다.

뿌리에서 나오는 잎과 원대 밑부분의 잎은 긴 엽병이 있으며 1~3회 기수우상복엽이다. 작은 잎은 셋으로 완전히 갈라지고 다시 2~3개로 갈라지며 열편은 긴 타원형 또는 계란형이다. 표면의 맨 위와 가장자리는 거칠고 윗부분의 잎은 자라면서 퇴화한다. 엽초는 타원형으로 커진다. 꽃은 커다란 복산형화로서, 8~9월에 가지 끝과 원대 끝에 각각 생기며 15~20개로 갈라지고 끝에 20~40개의 자줏빛 꽃이 달린다.

열매는 타원형으로 넓은 날개가 있고 길이는 8mm, 넓이가 5mm 정도다. 유선은 능선 사이에 한 개씩 달린다. 엽병을 생으로 까서 먹고 한참 후에 물을 마시면 물맛이 달다.

03 재배기술

재배력

구분	1월	2월	3월	4월	5월	6월	7월	8월	9월	10월	11월	12월
1년째 (모판)			▲ 파종								묘채취 (가식)	
2년째 (본판)			아주 심기			웃거름	악제 살포		웃거름			■ 수확

1) 적지

① 기후

우리나라 어디서나 재배가 가능하나 일당귀에 한해 따뜻한 중·남부지방에서 재배하는 것이 좋다. 특히 일교차가 심한 지역에서 재배하는 것이 발육 속도와 품질 면에서 유리하다.

② 토질

표토가 깊고 배수가 잘 되는 부드러운 식질양토 또는 사질양토가 좋다.
점질토에서는 뿌리의 발육이 좋지 않으며 모래땅에서는 잔뿌리가 많이 생겨 우량품을 생산할 수 없다. 당귀는 연작을 싫어하므로 한 번 심어서 수확한 곳에는 2~3년 동안 다른 작물을 심는 것이 좋다.

2) 품종

품종은 당귀, 토당귀와 감당귀, 일당귀로 분류한다. 당귀는 자연교잡률이 높으므로 가까운 곳에 다른 품종을 심는 것은 좋지 않다.
토당귀는 국내 한약방에서 주로 소비되고, 감당귀(일당귀)는 수출량이 많아 수출을 목적으로 재배하는 경우가 대부분이다.

3) 채종

채종포는 서북향의 적당히 습기가 있는 양토 또는 사질양토로서 배수가 잘 되는 곳을 고른다. 밑거름으로 퇴비, 깻묵, 초목회, 용과린 또는 용성인비 등을 갈아서 흙과 잘 섞은 후 1.5~1.8m의 두둑을 짓고 이랑나비 60cm 내외, 포기 사이 30cm 내외의 간격으로 1주씩 묘두가 약간 보일 정도로 심은 다음 그 위에 흙을 배토한다.

채종할 포기는 건실하게 자란 2~3년생의 것이 가장 좋으며, 1년생에서 채종한 것은 종자가 충실하지 못해 파종 후 발아가 늦어 쓰지 않는다.

심는 시기는 이른 봄이나 늦가을이 좋으며 남부지방의 경우 될 수 있으면 가을에 심는 것이 좋다. 심은 후 가을 가뭄을 넘길 때 뿌리의 활착이 좋지 않으므로 짚이나 건초 등을 깔아 주는 것이 도움이 된다. 봄에 발아하면 잘 썩은 인분뇨를 3~4배 정도의 물에 타서 뿌려 주고, 5월 상·중순경에는 잘 썩은 깻묵류나 초목회를 포기 주위에 뿌린다. 인산 및 칼리질 비료를 충분히 주고 김매기를 하면 충실한 종자를 얻을 수 있다. 가뭄이 심해지면 포기사이에 짚이나 건초 등을 깔아 준다.

8월에 대부분 결실을 맺으므로 종자가 떨어지기 전에 거두고 그늘진 곳에서 말려 종이봉투에 넣는다. 바람이 잘 통하고 서늘한 곳에 저장한다.

4) 육묘이식 재배

① 모판만들기 및 파종

분포 10α의 모판면적에 흩뿌림할 경우 16.5~19.5㎡(5~6평), 줄뿌림할 때는 33㎡(10평)가 소요된다.

모판의 두둑은 동서로 길게 해야 하며 중등 정도의 습기가 있는 사질양토 또는 식질양토를 골라 겉흙을 깊이 갈고 1.0~1.2m의 두둑을 짓는다. 흙을 잘 고른 후 흩뿌림하거나 15cm 간격으로 넓은 골을 치고 줄뿌림한다. 종자는 0.5ℓ정도 파종하고 온상에 쓰이는 상토나 부엽토를 종자가 보이지 않을 정도로 체로 쳐서 덮고 두꺼운 판자로 가볍게 다진 후 짚이나 건초로 덮는다. 중등 정도의 땅이면 웃거름을 줄 것 없이 모를 좀 배개 세우고 메마르게 기른 작은 모를 심는 것이 아주심기 후 좋은 결과를 낼 수 있다. 만일 밑거름을 지나치게 주면 잎과 줄기만 무성해지니 밑거름은 될 수 있는 한 주지 않는 것이 좋다.

가을에 경엽이 시들면 캐어 대묘(직경 1.0~1.1cm), 중묘(0.5~0.8cm), 소묘(0.4cm 이하)로 선별한다. 중·소의 모는 25개 뿌리를 한 단으로 묶어 땅속에 가식 저장했다가 다음 해 이른 봄인 3월 하순에 심는다. 대묘의 경우 싹오려내기를 해서 심어야 잎과 줄기가 무성해지는 것을 막을 수 있다. 대묘를 그대로 심으면 뿌리 목질화로 약용 가치가 없어진다.

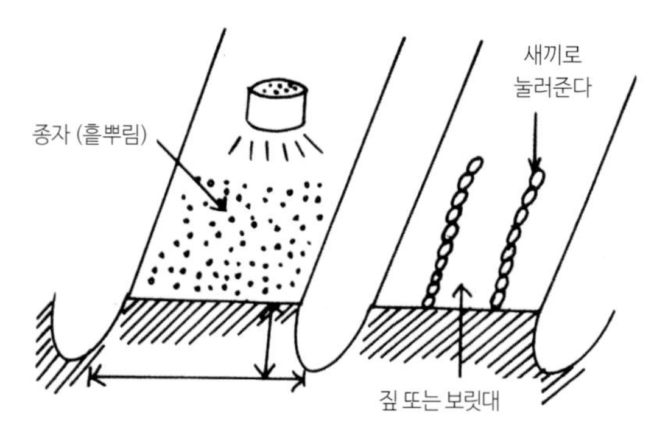

〈그림1〉 모판만들기 및 파종방법

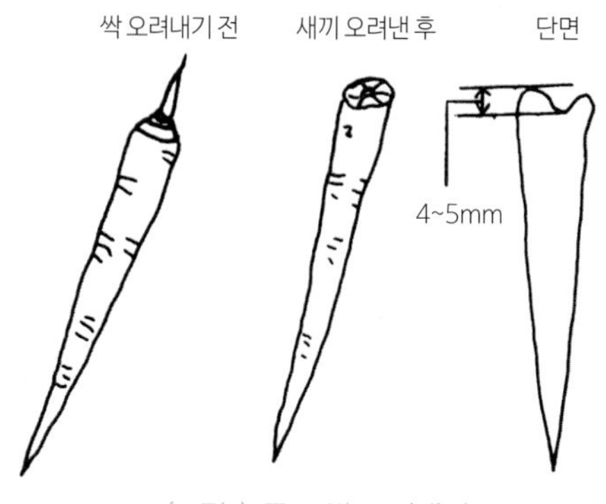

〈그림2〉 큰모 싹 오려내기

② 아주심기

Ⓐ 시기

3월 하순과 4월 중순 사이에 심는다. 가능하면 일찍 심는 것이 좋고 바람 없이 구름 낀 날을 택해 심는 것이 바람직하다.

Ⓑ 재식방법

깊은 골을 친 다음 45°로 눕혀 심거나 모종삽, 꼬챙이로 구멍을 파고 한 개씩 꼿꼿이 심은 후 묘두가 보이지 않을 정도로 흙을 모아 가볍게 눌러 준다. 뿌리 주위를 흙으로 북돋아 건조를 막아야 성장에 도움이 된다. 심은 후에는 짚이나 건초 등을 깔아 주는 것이 좋다.

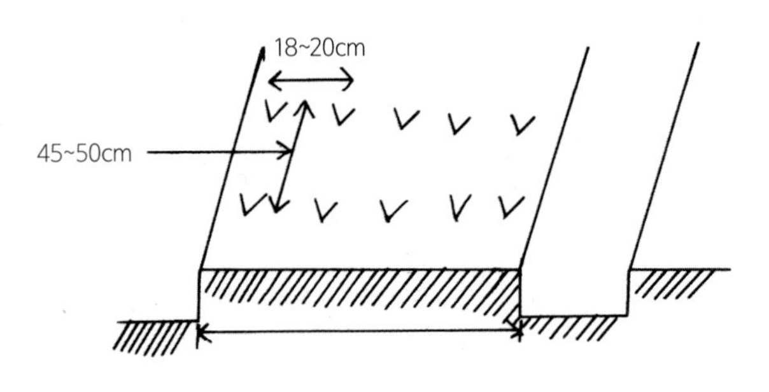

〈그림3〉 이랑만들기 및 심기

Ⓒ 거름주기

거름 줄 때 꽃눈이 미리 나오지 않도록 신경을 써야 한다. 생육초기에 질소 비료를 너무 많이 주면 잎과 줄기만 무성할 뿐 뿌리의 성장이 떨어지며, 꽃대가 많이 올라오므로 생육 후기에 거름을 주는 것이 좋다.

당귀의 수량을 늘리기 위해 아주심기 후 비절현상, 즉 거름기가 떨어지지 않도록 한다. 이를 위해서는 본포 관리가 잘 이루어져야 한다.

<표1> 당귀의 시비량

(kg/10α)

종류 \ 구분	시비량	
	밑거름	웃거름
퇴비	2,000	375
닭똥	40~60	75
깻묵	-	75
초목회	-	50

웃거름은 4월 하순에서 5월 상순 경에 10α당 퇴비 375kg 정도를 주고 7~8월에 들어서 깻묵 75kg, 닭똥 75kg, 초목회 56kg을 주되 생육 후기에는 주로 인산, 칼리질 비료를 주는 것이 좋다.

5) 직파재배

본밭이 비옥한 땅에 직파 재배로 파종하면 그해 수확이 가능하다. 파종은 봄에도 할 수 있지만 가을에 하는 것이 유리하다.

본밭 10α에 퇴비, 닭똥, 용과린 또는 용성인비, 초목회(시비량은 다음페이지〈표2〉당귀 직파시 시비량을 참조) 등 비료를 넣고 2~3회 갈아서 1.2~1.5m의 두둑을 짓고 흙을 고른 다음 이랑나비 45~50cm 간격으로 골을 치고 줄뿌림한다.

파종 후에는 일단 종자 위를 각목으로 가볍게 다진 다음 모판 때와 같이 흙덮기를 하고 짚이나 건초로 덮어 준다. 중·남부지방에서는 파종한 그해에 발아해도 별 지장이 없지만 추운 지방에서는 다음해 봄에 발아하도록 시기를 맞추어 파종한다.

이 때에 종자의 양은 10α당 4.5~5.4ℓ정도로 하는 것이 좋다.

발아 후에는 수시로 김매기를 하고 밴 곳은 솎아 주며 가뭄이 심할 때는 짚이나 건초를 깔아 주어 건조를 막는다.

웃거름은 발육상태를 보아 8월 중·하순경에 주는데, 잘 썩은 인분뇨를

3~4배의 물을 타서 포기사이에 뿌린다. 9월 상·중순경에 될 수 있으면 비가 온 전후를 이용해서 초목회나 잘 썩은 깻묵류를 포기사이에 뿌려주면 뿌리의 발육에 큰 도움이 된다.

<표2> 당귀 직파시 시비량 (kg/10α)

종류 \ 구분	시비량	비고
퇴비	1,125~1,500	밑거름
닭똥	75	밑거름
용과린 또는 용성인비	37	밑거름
초목회	56	밑거름

웃거름은 한 두 번으로 끝내지 말고 3~4회로 나누어 주는 것이 효과적이다.

6) 주요관리

㉠ 추대한 것, 즉 꽃대가 나온 것은 뿌리가 목질화되어 버리므로 약재로서 가치가 없어진다. 따라서 꽃대가 올라오는 것은 빨리 제거해 버린다.
㉡ 중경제초를 2~3회 실시하여 잡초를 제거한다.
※ **당귀에 사용할 수 있는 제초제 :** Lorox(일본에서 사용하는 제초제)

7) 병충해 방제

① 균핵병

가뭄에 그대로 노출되었다가 비가 많이 내린 후 배수가 이루어지지 않을 때 발생한다.

방제법 : 병에 걸린 포기는 발견하는 대로 뽑아서 태워 버리고 그 구덩이에 초목회, 황가루 및 세레산석회 등을 뿌려서 소독한다. 약제 방제로서는 벤레이트 수화제 2,000배액을 뿌려 준다.

② 충해

진딧물, 야동충, 붉은 응애 등의 피해를 대비한다.

방제법 : 야동충과 심식충은 잡아 죽이고 진딧물은 메타시스톡스, 피리모 등과 같은 살충제를 뿌려 없앤다.

특히 주의할 것은 한발기의 붉은 응애의 피해이다. 아주 작은 해충이므로 잘 보이지 않지만 순식간에 잎 뒤에 퍼져 잎을 갉아먹는다.

수시로 살펴보고 발생초기에 살비제로 구제해야 한다.

8) 수확 및 제조

아주심기한 그해 늦가을 11월이 되면 잎과 줄기가 노랗게 변하기 시작한다. 이때 뿌리가 상하지 않도록 캐어 흙을 털고 몇 그루씩 엮거나 몇 포기씩 묶어 건조대에 걸쳐 비나 이슬이 들지 않는 곳에서 말린다.

약간의 건조가 이루어졌을 때 꺼내어 45~50℃의 물에 담갔다가 흙을 깨끗이 씻어내고 2~3그루씩 널빤지 위에다 굴려서 뿌리의 형체를 조정한 다음 다시 60℃의 따뜻한 물에 5~6분간 담갔다가 꺼내 엮어서 말린다.

이후 충분한 건조가 이루어지면 잎줄기를 1.5cm쯤 남기고 잘라 버린다.

수량은 생뿌리로 10α 당 750~1,125kg, 마른 뿌리로 190~270kg 내외이다. 뿌리의 몸이 크고 굵으며 연한 것이 우량품으로 육질은 황백색, 겉은 약간 붉은 빛을 띄고 향기가 있어야 한다.

02 천궁

영명
Cnidii Rhizoma

학명
Cnidium officinale MAKINO

과명
미나리과 Apiaceae

01 성분 및 용도

① 성분
근경중에 1~2%의 정유와 아미노산을 함유하고 있다.

② 용도
보혈, 강장, 진정, 통경약, 두통약, 청혈, 부인요약으로 이용한다.

③ 처방(예)
사물탕, 온경탕, 천궁산 등으로 처방한다.

④ 방약합편(황도연 원저)
성온하다, 두통을 멈추며 신생혈을 보양하고 울혈을 풀어 준다.

02 모양

중국이 원산지로 국내에서도 흔히 재배하고 있는 다년초다. 곧게 30~60cm쯤 자라면서 줄기가 갈라진다. 잎은 어겨붙어 있고 2회 우상복엽이다. 뿌리에서 나오는 잎은 긴 엽병이 있고 원줄기 잎은 대가 엽초로 되어 원줄기를 감싼다.
작은 잎은 달걀꼴 또는 피침형으로 예리한 톱니가 있다. 꽃은 8월에 피며 가지 끝과 원줄기 끝에 커다란 산형화서가 발달한다.
5개의 꽃잎은 안으로 굽어 피며, 흰색을 띤다. 5개의 수술과 1개의 암술이 있다. 열매는 성숙하지 않는다.

03 재배기술

재배력

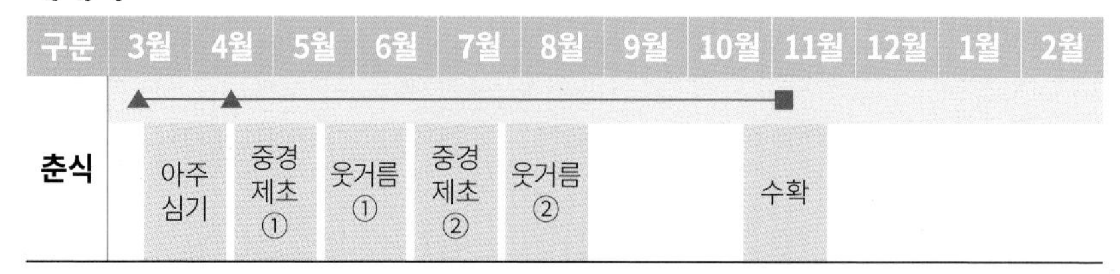

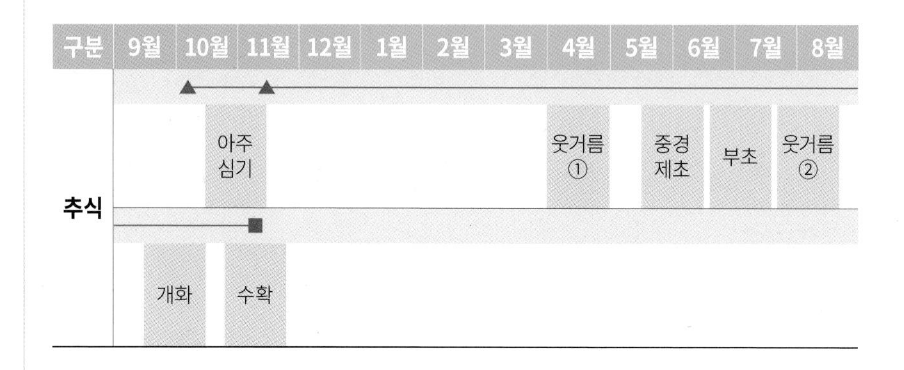

1) 적지

① 기후

일천궁은 우리나라 전역에서 재배할 수 있으나 토천궁은 비교적 내한성이 강하며 여름철에는 서늘하고 적습한 곳으로 서북향의 산간지가 알맞다. 일반적으로 천궁은 낮과 밤의 기온차가 심한 곳에서 잘 자란다.

토천궁의 경우 남부지방에서 재배가 전혀 불가능한 것은 아니나 서늘한 기온이 적당하므로 남부 지방에서의 재배는 고려해 보아야 한다.

② 토질

땅은 식질토양에 모래가 섞인 땅이 가장 좋다. 비옥하고 배수가 잘 되는 곳에 심는다.

모래만 있는 땅은 지력이 척박하고 건조하기 쉬우므로 생육에 좋지 않다.

적당한 습도 유지를 위해 평지재배가 좋다. 경사지 재배는 너무 건조해서 성장에 나쁘므로 피한다. 연작을 하면 병충해 등 여러 피해가 생길 수 있어 한번 심었던 재배지는 5~6년 동안 다른 작물을 심는 것이 좋다.

2) 품종

식물학상 분류는 되어 있지 않으나 우리나라 자생종인 토천궁과 일본산 일천궁의 두 종류가 있으며 수량 및 품질을 높이기 위해서는 일천궁을 선택, 재배하는 것이 유리하다.

일천궁과 토천궁의 비교하면 다음 〈그림1〉과 같다.

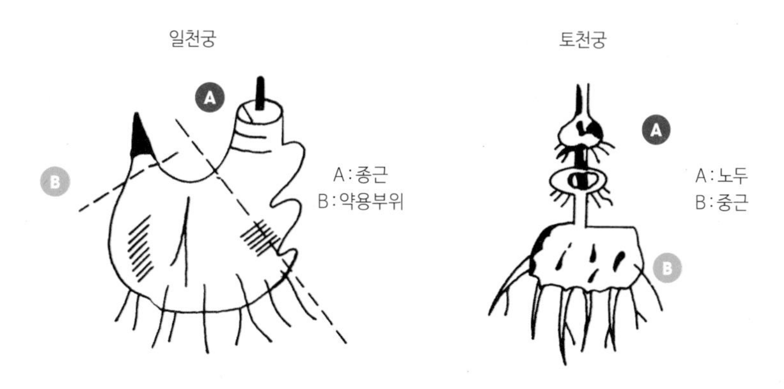

〈그림 1〉 일천궁 및 토천궁 비교

3) 번식

천궁의 경우 꽃은 피지만 결실이 되지 않으므로 근경과 노두로 번식한다. 근경은 심은 후 1년 만에 수확이 가능하나 노두에 비해 씨뿌리는 비용이 많이 들고, 노두번식의 경우 2년 만에 수확이 이루어지긴 하나 초기비용이 적게 드는 장점이 있다.

① 근경

근경의 무게가 25g 정도의 것은 그대로 심고 그것보다 큰 것은 잘라서 15~20g 정도로 만들어 심는다. 이때 잘라낸 부위에 나무재를 묻혀서 심어야 한다. 너무 큰 것을 그대로 심으면 수량이 떨어진다. 근경을 자를 때는 눈이 떨어지지 않도록 주의한다.

② 노두

9월 상순 경 그루 밑 마디가 있는 부분을 배토해 주면 묻힌 마디에서 그림과 같이 노두가 생긴다.

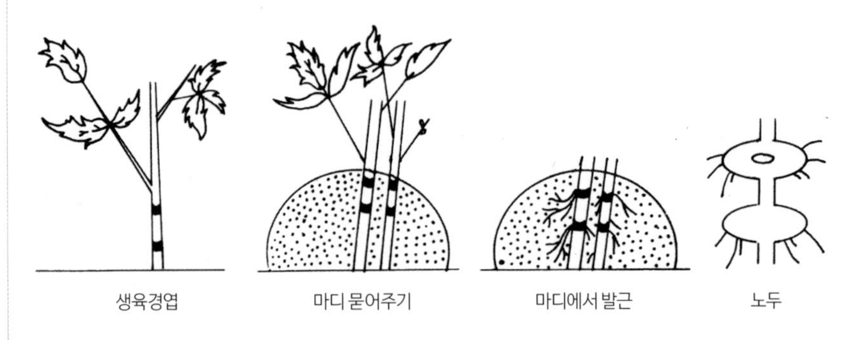

〈그림 2〉 노두 생산 과정

4) 아주심기

① 시기

Ⓐ 봄심기

3월 하순~4월 중순

Ⓑ 가을심기

10월 하순~ 11월 상순

② 재식방법

가을심기 때는 이랑나비를 45~60cm로 해서 얕은 골을 만든다. 포기 사이는 25~30cm로 해서 씨뿌리기하는데 한 군데에 하나씩 눈이 붙어 있는 쪽이 위로 향하게 놓고 1~1.5cm 정도로 얕게 흙덮기를 한다.

봄심기를 할 경우에 심는 시기가 늦어지면 생육이 떨어지므로 반드시 적기에 심도록 한다.

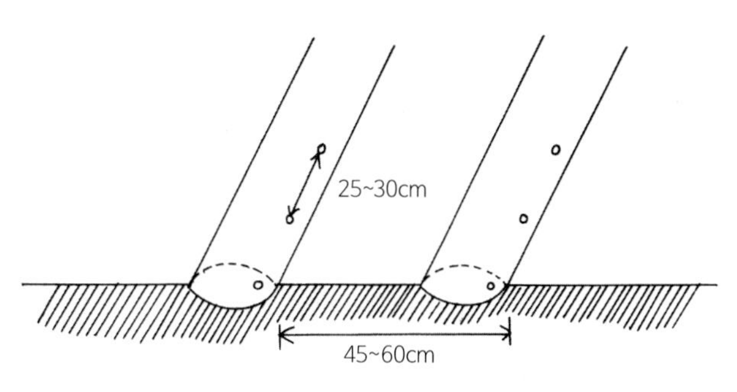

〈그림 3〉 두덕짓기 및 심기

남부지방에서는 보리사이 짓기도 가능하며, 이때 보리골을 중경한 다음 골을 만들어 씨뿌리를 심는다.

③ 거름주기

천궁의 과근비대는 8월 중순 경에 시작돼 늦서리 후 줄기나 잎이 고사할 때까지 계속되므로 이 시기에 맞춰 웃거름을 주어야 한다.

<표3> 천궁시비량 (kg/10α)

구분 / 종류	전량	밑거름	웃거름	
			1회(6월중)	2회(8~9월)
퇴비	1,125	1,125	-	-
깻묵	187	187	-	-
요소	5	-	-	5
인분뇨	750	-	375	375

5) 주요관리

㉠ 봄 발아를 할 무렵 흙덮기가 너무 두꺼운 곳은 얕게 해 주고 뿌리가 노출된 곳은 가볍게 밟은 후 흙을 얹어 준다.

㉡ 중경은 제초를 겸하여 수시로 하는데 얕게 해 주어야 한다.

※ **제초제사용 :** "Lorox" , "게사미루"를 쓰고 있다. (일본에서 사용하는 제초제)

5월 상순부터 7월까지 2~3회 사용하면 그 뒤의 제초작업은 하지 않아도 된다.

㉢ 가뭄방지 : 여름 가뭄이 계속되어 피해가 예상되면 예방책으로 7월 중·하순 쯤 골 사이에 짚이나 건초를 깔고 물을 준다.

㉣ 순지르기 : 꽃은 피나 결실은 되지 않아 순지르기는 별 효과가 없다.

6) 병충해 방제

병해

Ⓐ 뿌리썩음병

씨뿌리는 우스푸린 소독을 철저히 하고 6월 상순부터 8월까지 4번 정도 보르도액을 뿌려주면 뿌리썩음병에 효과적이다. 특히 배수가 잘 이루어지도록 하고 여름철 직사광선이 뿌리에 직접 닿지 않도록 짚이나 건초를 깔아 주면 효과적으로 방제할 수 있다.

7) 수확 및 조제

첫 서리가 내려도 줄기와 잎은 시들지 않으며 뿌리의 발육이 계속되므로 너무 일찍 수확할 필요는 없다. 10월 하순~11월 상순 경 잎과 줄기가 황색으로 변했을 때 수확하는 것이 적당하며 수확한 뿌리 중에서 큰 것은 약재로 조제하고 작은 것과 노두는 골라서 바로 심거나 저장해 두었다가 다음 해 봄에 심는다. 덩이뿌리는 물에 씻어 잔뿌리를 따고 햇빛이나 음지에서 말리고 간혹 미지근한 온수에 담갔다가 말리기도 한다.

섭씨 65~75°의 물에 15분간 담갔다가 꺼내어 말리는 방법은 약간 쪄서 말리는 방법과 함께 장기간 저장할 때 주로 쓰인다. 생으로 말리면 향기가 높고 품질은 좋으나 저장 중 충해를 받기 쉽다.

너무 오래 찌거나 더운물에 오랫 동안 담가 놓으면 향이나 품질 면에서 떨어지니 주의해야 한다.

03 사삼

영명
Adenopsis

학명
Codonpsis lanceolate BENTH et HOOKER

과명
초롱꽃과 Campanulaceae

01 성분 및 용도

① 성분

뿌리에 사포닌(saponin)을 함유하고 있다.

<표1> 식물분석 결과 (먹을수 있는 부위 100g 당)

열량	수분	단백질	지방	당질	섬유	회분	칼슘	인	철분	비타민	니아신
Cal 59	% 82.2	g 2.3	g 3.5	g 4.5	g 6.4	g 1.1	mg 90	mg 121	mg 2.1	mg 0.12	mg 0.8

② 용도

뿌리를 식용과 약재로 이용한다.

③ 처방(예) 가미 약으로 쓴다.

Ⓐ 약용

거담약, 해서, 기관지염에 쓰인다.

Ⓑ 식용

더덕궁, 생채, 장아찌, 더덕무침, 스프 등으로 쓰인다.

④ 방약합편(황도연 원저)

미고하다, 풍열을 물리치며 소종, 배농하고 간과 폐를 보한다.

02 모양

다년생 덩굴성 식물로서 줄기는 2~3m정도 자라며 줄기에는 향기가 있는 유액이 난다.

잎은 서로 어긋나며 피침형 또는 긴 타원형으로 길이 3~10cm, 넓이 1.5~4cm이고 가장자리는 밋밋하다. 잎 표면은 녹색이며 뒷면은 분백색으로 털이 없다.

꽃은 8~9월에 짧은 가지끝에서 밑으로 향하여 핀다. 꽃받침은 5개로 갈라지고 긴 타원형이며 끝은 뾰족하고 녹색이다.
약용 부위는 뿌리로서 한약재와 양약 원료 및 식용으로 쓴다.

03 재배기술

재배력

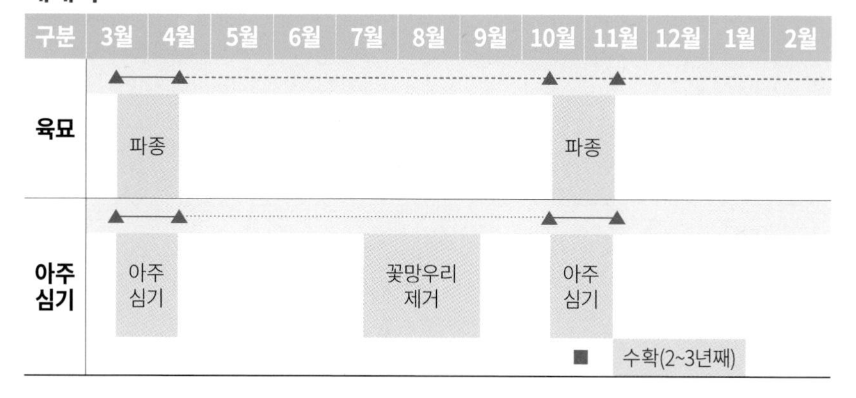

1) 적지

① 기후

우리나라 전역에 재배 가능하고 전국 각지의 산에 자생하기도 한다.

② 토질

뿌리가 곧고 길게 뻗어 자라므로 토양은 토심이 30~50cm 정도 되어야 좋으며 부식질이 많고 수분이 충분한 모래참흙이 좋다.
돌이 많은 곳에서는 뿌리에 흠이 생겨 상품가치가 떨어지고 땅이 질거나 건조한 곳에서는 뿌리 발육이 나쁘므로 유의하여야 한다. 가뭄에 의한 피해가 크기 때문에 물을 쉽게 댈 수 있는 땅이 이상적이다.

2) 품종

사삼은 계통이 뚜렷하지는 않으나 크게 북사삼과 백사삼 두 종류로 나눈다. 대게 북사삼 계통은 뿌리의 겉색깔이 붉고 굵으며 잔뿌리가 적어 생장력이 왕성한 것이 특징이다.
백사삼 계통은 뿌리 표면이 연한 흑갈색으로 잔뿌리가 많고 가늘며 긴 것이 특징이다. 품종을 선택할 때는 북사삼 계통의 종자를 구입하는 것이 좋다. 북사삼 계통은 채취하기 쉬우며 수확량이 많을 뿐만 아니라 백사삼 계통보다 성분, 성장 등 여러가지 면에서 우수해 그 수요가 많다. 그러나 우리나라에서 자생하고 재배되는 것이 어느 계통인지 확실히 분류되어 있지 않다.

3) 번식

종자로써 한다.

4) 육묘이식 재배

① 모기르기

모판면적은 본포 10α 당 99㎡(30평)정도가 적당하다. 우선 모판 만들 땅을 선정하고 밭을 깊이 갈아 두둑넓이 120cm, 두둑높이 30cm 정도로 하며 모판 흙을 부드럽게 하여 뿌리가 충분히 뻗을 수 있도록 한다.
종자가 가볍고 작기때문에 파종은 잔모래와 섞어야 한다. 그래야 고르게 뿌릴 수 있다.
모판거름은 99㎡(30평)당 밑거름으로 퇴비 112kg, 용성인비 또는 용과린 3.7kg, 초목회 7.5kg을 준다. 파종량은 99㎡에 1.2~1.5ℓ를 흩뿌림 또는 10cm 간격으로 줄뿌림 한다.
파종시기는 봄의 경우 3월 하순~4월 중순, 가을에는 10월 중·하순이 적기이다. 파종 후 종자가 보이지 않을 정도로만 흙을 덮는데, 이때 체를 이용한다. 그 위에 짚이나 건초를 덮어 줌으로써 발아가 고르게 이루어지게 한다.

사삼은 종자가 작고 가벼우므로 가는 모래를 종자량의 3~4배로 혼합하여 바람이 없는 날을 택해 파종하는 것이 좋다.

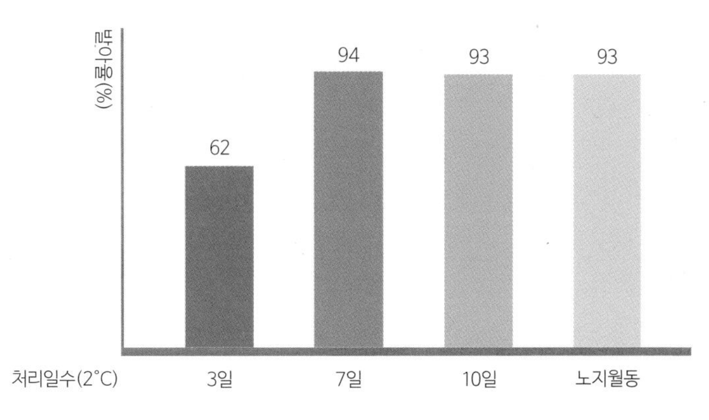

〈그림 1〉 저온처리 발아효과

싹이 트기 시작하면 짚을 걷어 주는데 햇빛이 강한 날은 피하는 것이 좋다. 사삼종자는 저온성 종자로써 봄에 파종할 경우 종자를 2℃의 저온에 7일간 처리했다가 파종하거나 노천매장으로 월동시켜 파종하면 발아가 잘 이루어진다.

저온성 종자의 경우 채종 후 따뜻한 곳에 두었다가 파종하면 발아율이 떨지기 때문에 주의한다.

② 아주심기

모판에서 1년간 기른 모는 그해 10월 하순이나 11월 상순에 수확하게 되는데 모의 크기와 모양이 일정하지 않으므로 선별작업을 거쳐야 한다. 이때 주의할 점은 모판에서 수확할 때 곧은 뿌리가 상하지 않도록 해야 한다는 것이다. 이 과정을 순조롭게 거쳐야 우량품을 생산할 수 있다.

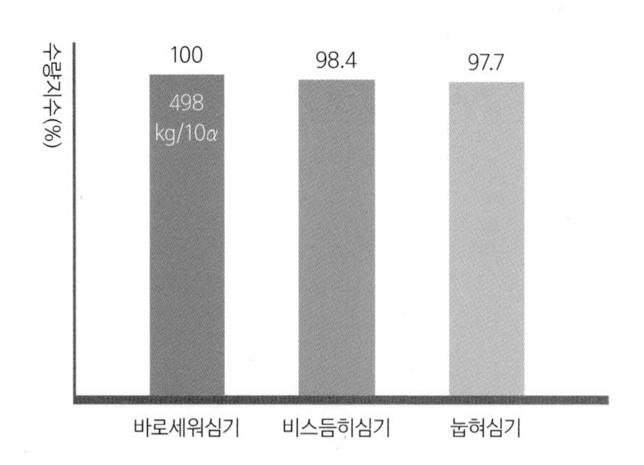

〈그림 2〉 심는 방법별 수량

뿌리가 곧고 굵은 모를 우선 선별하여 아주심기한다.

아주심기시기는 4월 상순이 적기지만 지역에 따라 조금씩 다르며, 재식거리는 이랑나비 50cm, 포기사이 10~15cm가 적당하다.

사삼 뿌리는 곧게 뻗는 습성이 있어 심을 때 바로 세워 심는 것이 좋다.

본포 시비량은 10α 당 기비로서 퇴비 1,125kg, 용성인비 또는 용과린 37kg, 초목회 56kg을 준다.

③ 주요관리

Ⓐ 해가림

시험결과에 의하면 해가림을 하지 않았을 때가 해가림을 했을 때보다 뿌리의 발육이 좋고 꽃피는 시기가 빨랐다. 또한 일일 기온 차이가 큰 지역에서는 성장이 빠르나 산간지방에서 재배할 경우에는 햇빛 쬐이는 양이 부족한 경우가 많아 성장속도가 더디므로 주의한다.

<표2> 사삼의 해가림 효과

처리	꽃필때 (월,일)	밝 기 (룩스)	뿌리무게 (g/개)	1년생뿌리대비 증체비율(배)
해가림 안할 때	8.1	80,000	23.3	4.54
발1매 해가림	8.5	62,000	20.6	3.99
발2매 해가림	8.5	35,000	15.4	3.00
발3매 해가림	8.5	11,000	14.6	2.83

사삼의 자생지를 보면 나무 등 그늘이 있고 습한 곳이 많은데 이런 것을 보고 이들을 음지식물이라 판단하는 것은 잘못이다.

Ⓑ 중경 및 제초

2~3회 중경을 겸해서 김매기를 하는데 특히 발아초기에 철저한 제초작업을 한다. 또한 아주심기 후 짚으로 덮어 주면 토양수분이 유지되고 잡초의 발생도 줄어 성장에 유리하다.

Ⓒ 지주세우기

2~2.5m 정도의 나뭇가지 등으로 지주를 세워 통풍과 햇빛 쬐임을 좋게 한다. 지주를 세워 주면 밑에 잎이 말라 죽지 않아 잎 면적도 넓어지고 병충해 발생도 줄어 수확량을 늘릴 수 있다.

Ⓓ 꽃봉오리 제거

꽃봉오리가 생기면 채종할 것 이외는 개화하기 전에 제거하여 뿌리의 발육을 돕고 생산량을 늘릴 수 있도록 한다.

④ 병충해 방제

사삼의 병충해는 현재까지는 크게 문제시되고 있지 않으나 앞으로 재배면적이 늘어나면 병충해의 피해가 있을 것이다.

현재 병해로는 흰가루병과 노균병이 다소 나타나고 있으며, 충해로는 굼벵이, 거세미의 피해가 있는 것으로 알려져 있다.

노균병은 6월과 7월 장마기에 발생하는데 약재방제로는 타코닐, 다이센엠-45,600배액이나 안트라콜 400배액을 10a 당 80~100ι 살포하고, 흰 가루병은 포리옥신 1,000배액이나 지오판수화제 1,000배액을 살포한다. 굼벵이나 거세미의 방제는 후라단이나 다이아톤입제를 10a당 3~4kg을 아주심기 후 토양 전체에 고루 뿌려주면 효과적이다.

⑤ 수확 및 조제

수확시기는 본밭에 심은 후 2~3년째의 가을 10월 하순부터 11월 상순쯤이 적기다.

일반적으로 2년생 사삼이면 수확할 때의 개당 무게가 30~50g이며 이 무게의 사삼이 식용으로나 약용으로서 이상적인 무게다.

수확할 때에는 뿌리가 상하지 않도록 주의하여 캐내고 캔 후에는 큰 뿌리와 작은 뿌리를 골라서 분류한다. 작은 뿌리는 밭에 밑거름을 넣고 다시 심어서 1년후에 수확하도록 한다.

껍질을 벗겨 약재로 가공할 때는 망사로 된 장갑을 끼고 훑거나 딱딱한 프라스틱 솔로 문지르는 방법을 쓴다.

햇빛에 말릴 때는 별다른 문제가 없으나 화력 건조시에 너무 고온으로 하면 색깔이 검게 되어 상품가치가 떨어지고 건조 작업 시 비나 이슬을 맞아 색깔이 변해도 상품가치가 떨어진다.

수확량이 많다 하더라도 가공과정이 올바르지 않으면 약재로써의 가치가 떨어져 손해를 볼 수 있다.

04 길경

영명
Platycodi Radix

학명
Platycodon glaucum NAKAI

과명
초롱꽃과 Companulaceae

01 성분 및 용도

① 성분

10여 종의 사포닌(Saponin), 그류코싸이드(Glucoside), 베투린(Betulin), 저장물질로는 인우린 (Inulin)이 있고 전분도 약간 있다.

② 용도

Ⓐ 식용

식용 채소로 먹는다.

Ⓑ 약용

거담, 배농작용이 있어 기관지염에 쓰인다. 양약 원료로도 이용되며 수출·약초로서 중요한 자리를 차지한다.

③ 처방(예)

길경탕, 길경백산, 배농산 등이 있다.

④ 방약합편(황도연 원저)

미고하다. 인후종을 치료하며 약기를 끌고 상승하여 가슴 막힌 것을 열어 준다.

02 모양

산과 들에 자생하기도 하며 농가 등에서 재배하기도 하는 여러해살이풀이다. 꽃이 아름다우며 뿌리는 약용으로 쓰인다. 키는 60~90cm 정도 까지 자라며 잎은 어겨붙어 있어 얼핏보면 잎자루가 없는 것 같이 보여진다. 잎의 꼴은 긴 달걀꼴 또는 넓은 피침꼴로서 잎가에는 톱니가 있다. 7~8월 경 줄기 끝에 자색 또는 흰색의 아름다운 종 모양의 꽃이 핀다. 씨꼬투리는 다소 둥근꼴이고 꼬투리 위쪽은 다섯 갈래로 갈라져 있다. 결실기가 되면 자연스럽게 그 구멍이 커져 움직일 때마다 씨앗이 떨어진다.

03 재배기술

재배력

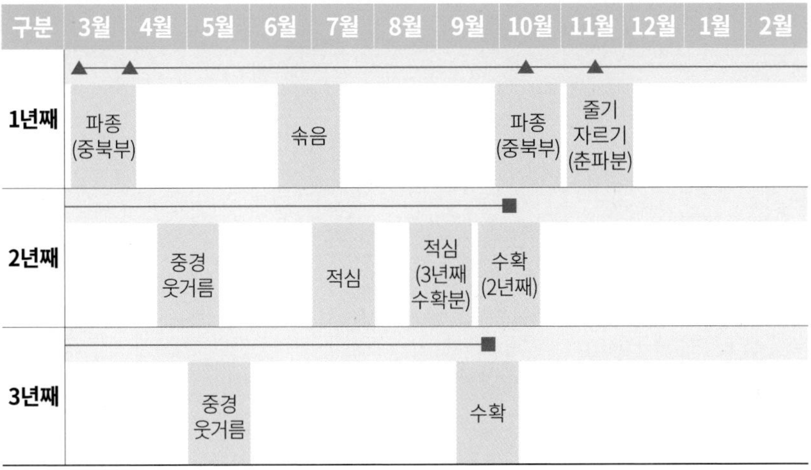

구분	3월	4월	5월	6월	7월	8월	9월	10월	11월	12월	1월	2월
1년째	▲ 파종(중북부)	▲		솎음				▲ 파종(중북부)	▲ 줄기 자르기(춘파분)			
2년째		중경 웃거름			적심	적심(3년째 수확분)		■ 수확(2년째)				
3년째			중경 웃거름				■ 수확					

1) 적지

① 기후

모든 조건에 매우 강한 작물이며 우리나라 전역에서 재배할 수 있다.

② 토질

햇빛이 잘 들고 부식질이 많으며 배수가 잘 되는 석질양토 또는 사질양토가 가장 좋다. 야산개간지 재배에도 알맞으나 이어짓기로 심으면 생육에 나쁘고 병충해의 발생이 많아지기 때문에 돌려짓기하는 것이 좋다.

2) 품종

길경은 약용종으로 구분된 것은 없고 일속 일종의 단일품종이 재배되고 있는데 꽃색과 뿌리의 모양 차이 등은 약용과 무관하다.

3) 번식

종자 및 아분법 등으로 할 수 있으나 가장 손쉽고 실용적인 방법은 종자 번식법이다.

4) 직파재배

① 파종시기

발아 적온은 16℃전후로서 3월 중순~하순이 적기이다.

② 거름주기

<표1> 길경 시비량 (kg/10α)

종류 \ 구분	총량	밑거름	웃걸음	
			1회	2회
퇴비	1,500	1.500	-	-
닭똥	150	150	-	-
요소	44	20	14	10
염화칼리	25	15	-	10
용과린 또는 용성인비	90	90	-	-
주는때		파종 7일 전	6월 하순 꽃망울이 생길 때	7월 하순 개 화 전

③ 파종방법

밑거름을 밭에 고루 뿌리고 깊이갈이를 한 다음 땅고르기를 하여 파종하고 종자가 보이지 않을 정도로 얇게 흙덮기를 한다. 그 위에 짚이나 건초를 덮어준 다음 물을 충분히 준다. 종자를 깊이 묻으면 발아가 되지 않거나 발아시기가 늦춰진다. 이때 파종량은 10α 당 2ℓ 정도가 적당하다.

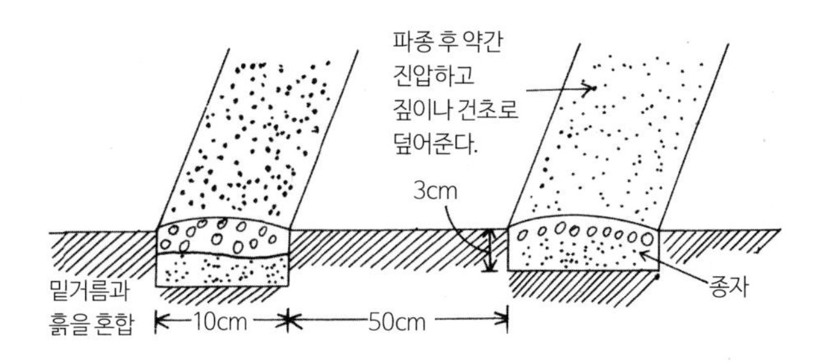

〈그림 1〉 두둑짓기 및 파종

④ 주요관리

㉠ 모가 2~3cm 자라면 제초와 솎음을 하여 재식거리를 맞춘다.

㉡ 1~2년 후에 수확할 것은 포기사이를 10~15cm로 하고, 3년 후 수확할 것은 포기사이를 20~25cm로 한다.

5) 육묘이식재배

육묘를 이식해 재배하면 균일한 품질의 길경을 생산할 수 있으나, 잔뿌리가 많이 나와 품질이 떨어지므로 아주심기할 때 구멍을 뚫어 심어야 한다.

① 모기르기

Ⓐ **모판만들기 :** 단책형 냉상을 폭 1~1.2m, 높이 15cm로 만들고 상면의 흙을 곱게 부숴 고른다. 곱게 부숴 고른 모판 흙에 파종하고 그 위로 고운 흙을 채로 쳐서 2~3cm 높이로 덮는다.

건조방지를 위하여 짚이나 건초를 덮어 주고 발아가 시작되면 위에 덮은 짚이나 건초를 걷는다.

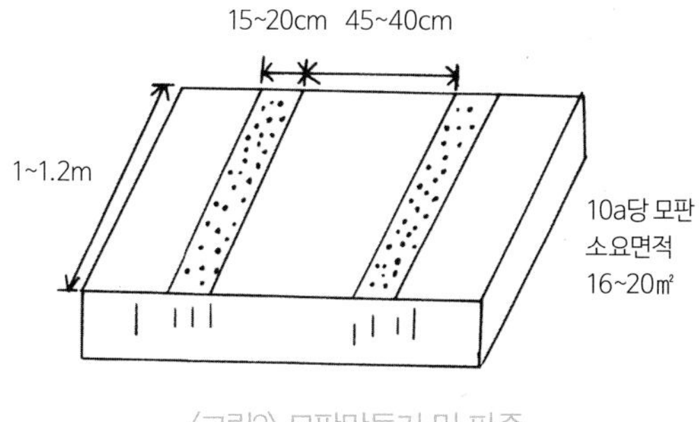

〈그림2〉 모판만들기 및 파종

Ⓑ **모판비료 (3.3㎡당) :** 웃거름은 6월 하순~7월 상순에 주는데 3.3㎡당 복합비료 130g을 뿌린 다음 물을 준다.

<표2> 모판 시비량(밑거름)

(3.3㎡당)

구분 / 종류	시비량	비고
완숙퇴비	1.5kg	파종 15일 전에 뿌리고 파종할 때 갈고 정지한다.
깻묵	400g	
용과린 또는 용성인비	80g	
초목회	130g	

길경은 모판에서 직근이 잘 크도록 키워야 하기때문에 모판 시비량은 토양의 비옥도에 따라 충분히 주는 것이 좋다.

Ⓒ **모판관리 :** 싹이 튼 후 포기사이를 3~4cm로 솎아 준다.

여름철 2회 정도 김매기를 해 주고 진딧물 방제에도 힘써야 한다.

길경은 모판에서 다비재배, 철저한 관리를 통해 가능한한 모를 곁뿌리 없이 길고 크게 키워야 한다.

② 아주심기

Ⓐ **시기**

봄 3월 중순과 늦가을 10월 하순에 한다.

Ⓑ **방법**

1년간 모기르기한 다음 본밭에 밑거름을 넣고 두둑을 만들어 땅 고르기를 한다. 재식거리에 맞게 모보다 굵은 꼬챙이로 구멍을 뚫어 곧게 세워 심되 묻기 전에 물을 주고 흙덮기를 하면 활착이 잘 된다.

특히 모를 캘 때 뿌리 끝이 잘라지지 않도록 조심한다.

㉠ **복토 :** 0.5~1cm 정도

※ 가벼운 흙일 때는 약간 두껍게 복토한다.

㉡ **본포비료 :** 직파재배에 준한다.

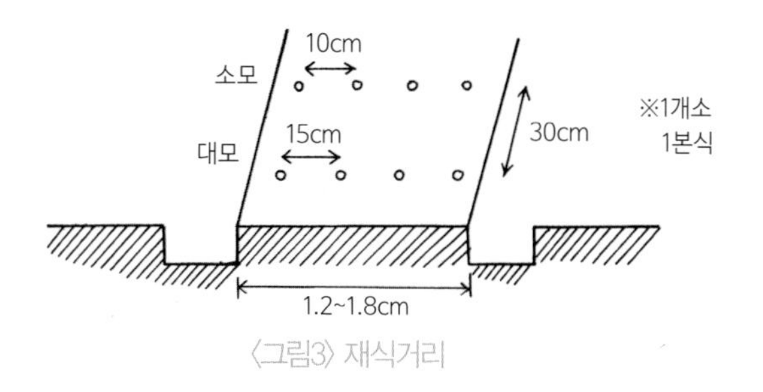

〈그림3〉 재식거리

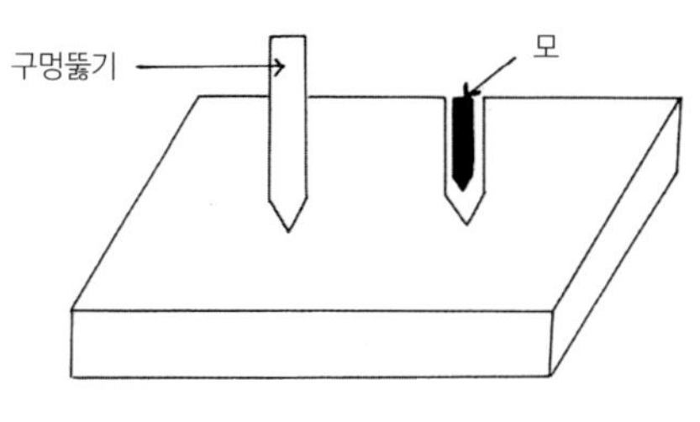

〈그림4〉 구멍뚫기 및 모심기

③ 본포관리

Ⓐ 솎음

바로 뿌림한 밭은 5월 상순에 싹이 튼다.

싹이 튼 다음 5월 하순 경 본잎이 3~4매 되었을 때 포기사이를 사방 6~10cm 정도 되도록 솎아 준다. 비가 온 후 땅이 습할 때 솎음을 하면 줄기가 끊어지지 않아서 좋다.

땅이 굳어 있을 때 솎음을 하면 뿌리와 줄기 사이의 싹트는 부위에서 줄기가 끊어지며 이 부위에서 다시 새싹이 돋아나기 때문에 솎음을 다시하는 번거로움이 생기니 주의한다.

Ⓑ 김매기

길경재배에 가장 힘든 것이 바로 김매기 작업이다.

첫번 김매기 작업은 6월 상순까지, 두번째는 7월 중순까지 마치는 것이 성장에 도움이 된다.

김매기가 늦어지면 풀을 뽑을 때 어린 길경이 함께 뽑혀 나오기 쉬으므로 가급적 제때 김매기를 해야 한다.

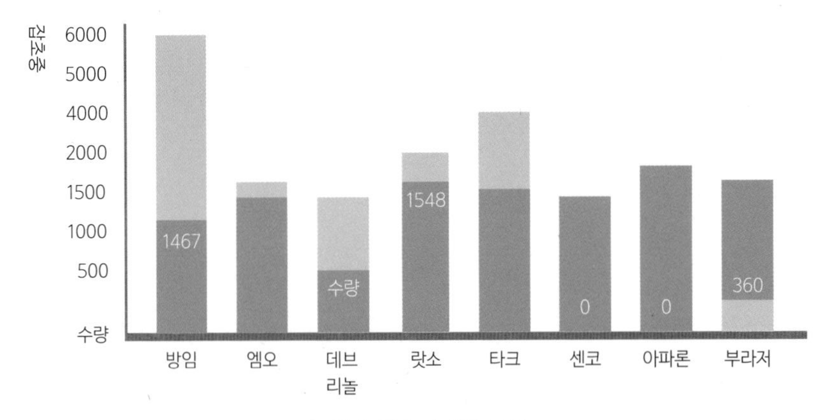

〈그림5〉 제초제 처리 효과

김매기를 쉽게 하기 위해 종자파종 후 바로 제초제를 뿌리는 방법이 있다. 즉 종자를 뿌리고 5mm정도 흙덮기 한 다음 짚을 덮고 물을 줄 때 엠오 유제 1,000배나 파미드 수화제 400배액을 뿌려 주면 좋다.

6) 병충해 방제

① 진딧물

Ⓐ 발생 및 피해

1년에 1~2회 검은 진딧물이 발생하나 큰 피해는 없으며 산지보다 평야지, 집 근처에 심하다.

Ⓑ 방제법

진딧물이 발생하면 메타 또는 피리모유제 1,000배액을 뿌려준다.

② 담배나방

Ⓐ 발생 및 피해

7월 경 연한 잎이나 줄기 끝을 갉아 먹는 등의 피해를 입힌다. 벌레는 청흑색으로 길이가 2cm 정도 된다.

Ⓑ 방제법

주로 평야지에서 발생하나 때로는 산간지에서도 발생한다.

유기인제 1,000배액을 살포하면 피해를 줄일 수 있으며, 겨울과 봄 사이에 들쥐의 피해가 심하므로 피해 예방에 신경써야 한다.

7) 수확 및 조제

① 수확

잘 자란 길경 중에서 1년생 뿌리도 약재로 쓸 수 있으나 보통 2~3년생 뿌리를 수확해 약재로 쓰는 것이 가장 적당하다.

※ 4년근 이상이 된 길경은 썩기 쉽고 크기에 비해 약용성분 함량이 낮아 약재로 부적당하다.

Ⓐ 수확시기

근피가 잘 벗겨지는 6월 하순~7월 하순이 적당한 수확시기다.

※ 피길경으로 할 때는 가을부터 다음 해 봄 발아 직전까지 수확할 수 있지만 가을 수확이 더 좋다.

Ⓑ 수확방법

먼저 지상경엽을 잘라내고 밭 한쪽에서부터 캔다.

② 조제 및 건조

Ⓐ 백길경

캔 뿌리는 물에 수 일간 두었다가 대칼로 껍질을 벗기거나 손톱으로 까서 말린다.

Ⓑ 피길경

캐어 낸 뿌리를 깨끗이 씻어 그대로 말린다.

10a 당 수확량은 2년근으로 생근 750kg, 건근으로는 190~220kg 정도의 수확량을 올릴 수 있다.

05 시호

영명
Bupleuri Radix

학명
Bupleurum falcatum L.Var scorzonerefolium Ledeb

과명
미나리과 Apiaceae

+ **약용부위** 뿌리

01 성분 및 용도

① 성분

사포닌(saponin), 지방유를 함유하고 있다.

② 용도

해열약으로 쓰인다.

③ 처방(예)

사역산, 십미패독탕, 소시호탕, 대시호탕 등 중요 처방에 쓰인다.

④ 방약합편(홍도연 원저)

미고하다. 간고를 사하며 한열 왕래와 학질에 좋다.

02 모양

산과 들에서 자라는 다년초로서 근경은 굵고 극히 짧으며 뿌리는 근경보다 조금 더 굵다.

원대는 40~70cm로서 털이 없고 윗부분에서 가지가 약간 갈라진다.

뿌리에서 나오는 잎은 밑이 좁아져서 엽병처럼 되며 전체의 길이는 10~30cm 사이이다. 원대에 달린 잎은 넓은 선형 또는 피침형이며 길이 4~10cm, 넓이 5~15cm로서 평행맥이 있고 녹색이며, 밑은 좁아져서 엽병처럼 원대에 달린다.

끝이 뾰족하고, 가장자리는 밋밋하며 털이 없다.

꽃은 8~9월 원대 끝과 가지 끝 복산형화서에 달리며 황색이다.

꽃잎은 5개이며 안쪽으로 굽었고, 수술도 5개이고, 씨방은 하위이다. 분과는 타원형으로 길이가 35mm 정도로 9~10월이 되면 익는다.

03 재배기술

재배력

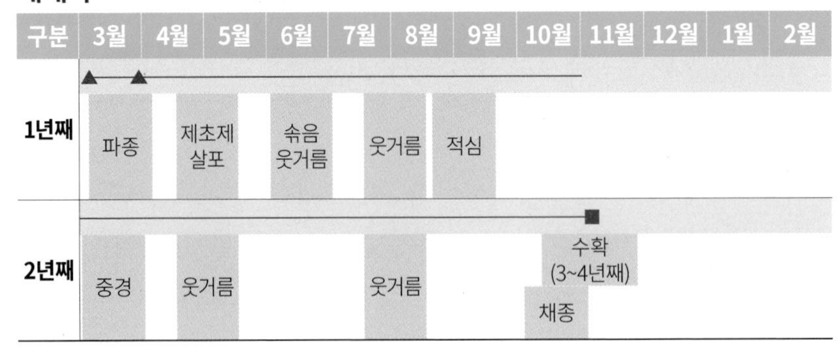

1) 적지

① 기후

국내에 자생하는 풀로 전국 어느 곳에서나 재배할 수 있다. 통풍이 잘 되고 서늘한 곳이 이상적이다. 해풍과 안개가 많은 지역에서는 재배가 어렵다.

② 토질

표토가 깊고 유기질이 많은 사질 양토 또는 부식질 양토가 시호를 키우기에 적합하다. 부드럽고 통기성이 좋으며 배수가 잘 되는 곳이 좋다.

비옥한 땅이 아니면 재배년한이 길어지기도 한다.

고구마, 보리, 밀이 잘 되는 곳에서 재배하면 좋으며, 새로운 개간지에 재배하여도 생육이 좋고 병해도 거의 없다. 새로운 땅에 재배함으로써 몇 년 동안 재배할 수 있는 직부체계가 적합하며, 특히 개간지에 재배할 경우 대부분의 작물이 석회 시용을 해야하나 시호는 오히려 석회를 시용하지 않는 것이 재배에 도움이 되기 때문에 개간지 재배에 적당하다.

단, 개간지 재배에서 주의해야할 것으로 토양선충과 뿌리썩음 병을 꼽는데, 시호는 이어짓기하면 치명적인 뿌리썩음병 발생이 심하므로 돌려짓기를 해야 한다.

2) 채종

1년생 포기에서도 채종은 할 수 있으나 발아 및 생육이 떨어진다.

채종은 2년생 포기에서 한다. 채종할 것은 적심을 하지 않고 개화시키고, 꽃피기 전 진딧물의 구제를 철저히 한다.

9월 상순 웃거름으로 복합비료, 요서, 용과린 또는 용성인비를 배합하여 10α당 30kg 정도 시용하면 채종량을 증가시킬 수 있다.

2년생 포기에서 10α 당 채종량은 40~50kg 정도이다.

3) 직파재배

① 파종시기

종자 발아에 적당한 온도는 18℃ 전후로서 우리나라의 파종적기는 3월 중·하순이다. 파종 후 25~30일 후 발아한다.

※ 파종시기는 늦은 것보다 빠른 것이 좋다.

② 파종방법

10α당 파종령 : 2ℓ

〈참고〉 종자 1,000립중 : 최대 – 2.5gr. 최소 – 0.6gr. 평균 1.3~1.5gr. 1ℓ중 : 450~500gr.

※ 밑거름을 섞은 흙 위에 파종한 뒤 살짝 진압하고 5mm정도 복토한다. 그 위에 짚이나 건초를 덮어 준다.

사이짓기 할 때는 심을 골라 약간 깊게 판 후 밑거름을 넣고 파종한다.

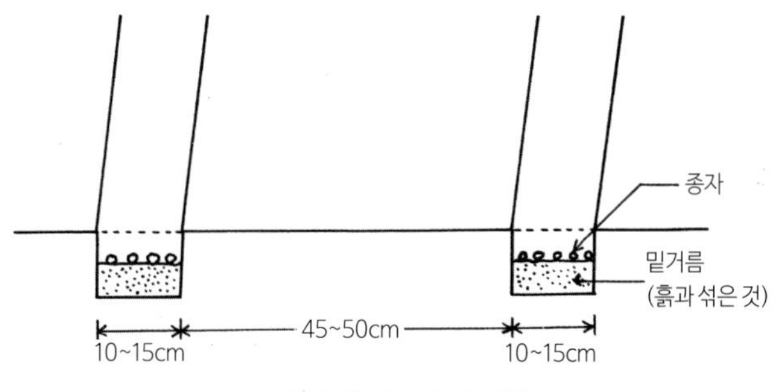

〈그림 1〉 두덕짓기 및 파종

③ 거름주기

토양 비옥도와 비료 종류에 따라 시비량을 가감한다.

<표1> 시호의 시비량 (kg/10α당)

종류 \ 구분	밑거름	웃걸음	
		1회(6월 상·중순)	2회(8~9월 상순)
퇴비	1,000~1,500	350	-
깻묵	50	75	-
복합비료	37	-	-
용과린 또는 용성인비	15	12	6~8
닭똥	-	-	130~150

시호재배에 있어서 재배기간을 단축하여 1년 안에 수확하려면 다비재배를 하여야 한다.

척박지 재배로 비절현상이 나타나면 웃거름을 주어야 하는데 시용 시기는 잎의 길이 4~5cm가 되는 6월 하순이 적당하다. 웃거름 시용 후 30~50일 후인 8월 상순~9월 상순에 2차 웃거름을 준다.

④ 주요관리

Ⓐ 제초제 사용

시호는 파종해서 25~30일 경이면 발아하는데 발아 전부터 자라기 시작하는 잡초가 시호 생장에 큰 걸림돌이 된다. 이를 해결하기 위해 일본에서는 타크유제 100배액을 파종 후 20일째(발아 전)와 45일째에 맑은 날을 택하여 분무기로서 전면 살포한다. 그러나 국내에서의 시호에 대한 제초제 사용 시험결과는 없다.

시호재배에서 발아직후의 제초여부가 시호재배의 성패를 좌우하는 만큼, 국내 시호재배와 잘 맞는 연구결과가 필요하다.

Ⓑ 솎음

파종후 방치하면 도장과 입, 줄기 등이 무성하여 뿌리의 수량이 줄어든다. 포기 사이가 5~10cm 정도의 간격을 이루도록 솎아준다.

Ⓒ **중경**

웃거름 시용 후 얕게 중경한다.

Ⓓ **적심**

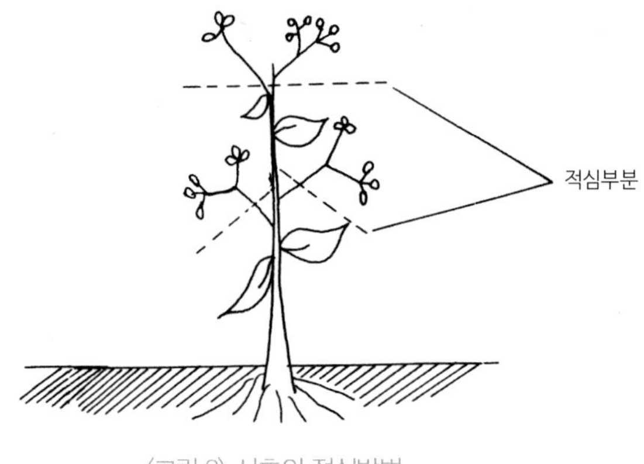

〈그림 2〉 시호의 적심방법

8월 상순~9월 하순 사이에 꽃대를 잘라 준다.

이 시기를 놓치면 뿌리의 성장이 더뎌지고 품질이 떨어지므로 적기에 실시하여야 한다.

4) 육묘이식재배

① 육묘

햇빛이 잘 드는 땅에 단책형 냉상을 만들어 육묘이식 10일 전에 3.3㎡(1평)당 완숙퇴비가루 2.6kg, 복합비료 0.2kg을 상토와 잘 섞어 뿌린다.

파종은 5~8cm 간격으로 줄뿌림하거나 흩뿌림한다. 파종 후 체로 친 고운 흙으로 1~2cm 두께로 복토하고 물을 준다.

※ 모판에 비닐을 씌워 따뜻하게 하면 5월 하순부터 근두부의 직경이 2~3cm의 굵기가 되고 뿌리의 길이 5~6cm 이상이 되어 본포에 아주심기를 할 수 있다.

② 정식

본포는 심기 전에 정지해서 모를 캐어 심는데 이 때 캐낸 모의 뿌리가 마르지 않게 주의한다. 뿌리가 마르면 활착이 떨어진다.

이때 불량주는 버리고 너무 깊거나 얕게 심지 않도록 주의한다. 심은 후 바로 물을 주도록 한다.

재식거리는 포기상 10cm 내외로 한포기에 3~4주씩 심는다.

5) 병충해 방제

시호를 재배하는 데 있어 가장 큰 걸림돌로 꼽히는 것이 바로 병해다. 따라서 시호의 경우 이어짓기나 여러해 가꾸기가 어렵다.

특히 뿌리에 여러 종류의 병균이 동시에 침입하는 뿌리썩음병이 큰 문제로 1년된 것에도 발병하고, 2년생부터는 초가을부터 급격히 발생하여 큰 피해를 입힌다.

① 뿌리썩음병

2년째 초가을부터 늦가을까지 발생이 심하다. 초기에 줄기와 잎을 보고 알아내기는 어렵고 뿌리를 팠을 때 근두 또는 뿌리가 적갈색을 띄고 있으면 뿌리썩음병을 의심해 보아야 한다.

뿌리썩음병이 진행 되더라도 줄기와 잎은 별 이상이 없어 뿌리를 파 보아야 알 수 있으나, 뿌리가 흑갈색이 되어 죽을 정도면 줄기와 잎도 이미 상해 쉽게 알 수 있다.

Ⓐ 방제법

㉠ 배수가 잘 되는 토양에 재배한다.

㉡ 유기질, 특히 잘 썩은 퇴비를 많이 시용하고 질소비료를 너무 많이 쓰지 않도록 한다.

㉢ 재배할 땅은 파종 전에 크로로피크린으로 소독하고 종자는 우스푸린으로 소독한다.

② 충해
토양선충과 꽃봉오리가 생겨서 개화될 때까지 진딧물이 발생하는데 살충제를 살포하여 구제한다.

6) 수확 및 조제

① 수확
품질이 좋은 시호를 수확하기 위해서는 2년 이상된 것을 중심으로 거두어들인다. 수확은 늦가을에 밭 한쪽부터 괭이나 경운기로 한다.

② 조제
캔 것은 물에 씻어서 작은 다발로 묶어 건조건물 안에서 바람에 말리거나 캐어서 바로 줄기를 자르고 뿌리를 물에 씻어서 갈대발에 넣어 말린다. 털뿌리는 말리는 중간에 대부분 떨어지지만 말리기가 끝난 후에도 그대로 붙어 있는 것은 손으로 따 준다.

말리기가 끝난 것은 잘 간추려서 시원하고 건조한 곳에 저장한다. 수확량은 10α 당 2년생의 경우 건근으로 80~120kg 정도이다.

06 황기

영명
Astragali Radix

학명
Astragalus membranaceus Bunge

과명
콩과 Fabaceae

+ 약용부위 뿌리

01 성분 및 용도

① 성분

그루우코스(Glucose), 후로크토스(Fructose), 과당, 전분, 점액질을 함유하고 있다.

② 용도

제한, 강장제로 이용한다.

③ 처 방(예)

십전대보탕, 황기별갑탕, 보중익기탕 등 중요한 처방에 쓰인다.

④ 방약합편(황도연 원저)

미감 성온하며 한표를 거둔다.

창이 난 곳을 아물게 하며 허한데 많이 쓴다.

02 모양

산에서 자라는 다년초다. 국내에서 약용작물로 흔하게 재배한다. 초장이 1m 내외이며 몸 전체에 잔털이 있다. 잎은 우상복엽으로 작은 잎은 6~11쌍이다. 작은 잎은 달걀꼴 긴 타원형이며, 양끝은 원단이고, 가장자리가 밋밋하다.

꽃은 7~8월에 피며 연한 황색이다. 총상화서는 잎 겨드랑에서 나오며 잎의 길이와 거의 비슷하다.

작은 화경은 길이 3mm, 꽃은 길이 15~18mm, 꽃받침은 길이 5mm, 넓이 4mm로서 끝은 5개로 갈라지며 열편은 길이가 1mm 정도다. 수술은 10개가 달리며 양체로 갈라진다. 꼬투리는 타원형이며 길이는 2~3cm이다.

03 재배기술

재배력

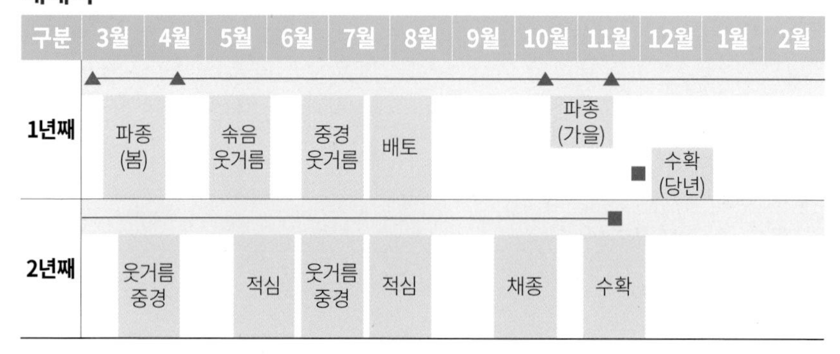

※ 비옥한 땅에서 재배할 경우 당년 수확이 가능하다.

1) 적지

① 기후

우리나라 북부지방 고랭지에 자생하며 남부 지방에서도 재배할 수 있지만 중·북부지방 산간의 서늘한 곳에서 잘 자란다.

한여름에는 잎과 줄기만 무성하고 뿌리의 성장은 더디나 서늘해지기 시작하면 성장속도가 빨라진다.

그러므로 여름과 가을에 온도가 높고 다습한 지역에서의 재배는 적합하지 않다. 황기의 주산지가 강원도 정선, 충천북도 제원 등 산간 고랭지인 것도 이러한 이유 때문이다.

② 품종

표토가 깊고 지하수위가 낮으며 적습한 식질양토나 부식질양토에서 잘 자라고 유기질이 많은 식양토나 사양토에서도 생육이 잘 된다.

모래땅이나 질참흙에서는 잔뿌리가 많이 생기고 뿌리가 썩기 쉽다.

2) 품종

황기는 단일 품종으로 예전에는 산에 자생했으나 지금은 포장 순화 재배하고 있다. 아직까지 새로운 개량종이 육성된 것은 없다.

3) 채종

채종은 병충해의 피해를 입지 않은 건실한 포기에서 한다. 부실한 포기에서 채종하여 종자로 쓰면 발아율도 좋지 않고 발아 후에도 성장이 더디다. 그러므로 자가 채종하거나 신중하게 살핀 후 구입해야 한다.
특히 종자를 구입할 때 묵은 종자에 주의한다. 크기가 일정하고 광택이 나며 비대 충실한 종자가 햇종자다.

4) 번식

종자로하며 직파재배법과 육묘이식 재배법의 두 가지가 있으나 직파재배가 좋다.

5) 직파재배

종자가 확보되어 있고 포장조건의 지장이 없으면 직파재배 함으로써 이식에 필요한 품도 줄일 수 있다.
뿌리를 약재로 쓰는 황기는 이식재배 하면 활착이 잘 되지 않아 생육에 지장을 초래, 수확량이 떨어진다. 그러므로 황기재배에 있어서는 직파재배법이 적당하다.

① 파종시기

봄 3월 하순~4월 상순, 가을 10월 하순~11월 상순이 적기이다.
가을 파종 시 한두 달만 빨리 뿌려도 그해 겨울에 발아해 추위로 인한 피해를 입기 때문에 파종 시기를 잘 지켜야 한다.

② 파종방법

재배할 밭은 미리 밑거름을 뿌리고 깊이 갈아 땅고르기한다.
이때 밑거름과 씨 뿌릴 두둑의 흙이 잘 섞이도록 한다.

<표1> 황기 시비량 (kg/10α당)

종류 \ 구분	전량	밑거름	웃거름
퇴비	1,125	1.125	
용과린 또는 용성인비	56	56	
초목회	56	56	
인분뇨	-	-	생육상태에 따라 시용

파종은 포장조건, 재배년한 등에 따라 그림과 같이 줄뿌림한다.
1년근 수확을 할 수 있는 재배기술을 적용하면 자금회전이 빨리 이루어지는 이점이 있다. 파종량은 10α당 2ℓ이다.

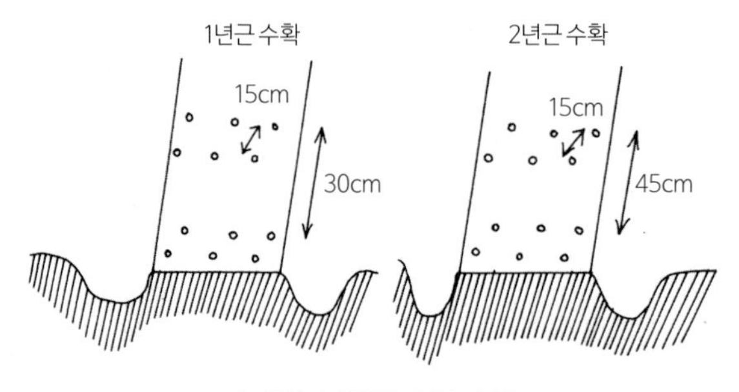

〈그림1〉 두둑짓기 및 파종

③ 흙덮기

파종 후 3~5mm 정도 흙덮기를 하고 가볍게 눌러준 다음 그 위에 짚이나 건초를 덮어 준다. 가을 파종 시는 약간 두껍게 흙을 덮어 준다.

④ 거름주기

비옥한 땅에 심어 그해 수확을 목표로 하거나, 1년근 수확을 목표로 재배할 경우 밑거름에 치중한 다비재배를 해야 한다. 황기는 콩과 작물로 뿌리에서 질소고정작용을 하므로 시비에 유의하여야 한다.

2년근 수확을 목표로 할 때는 재식 시 시비량에서 석회를 제외하고 퇴비는 500kg, 기타는 전량을 4, 6월 2회에 분시한다.(〈표 1〉 참고)

⑤ 주요관리

Ⓐ 짚 걷어주기

발아하기 시작하면 덮었던 짚 또는 건초를 걷어 준다.

Ⓑ 솎음

모가 5~6cm가량 되었을 때 1회, 10~13cm가량 되었을 때 2회 솎음을 하여 포기사이 간격을 일정하게 유지하도록 한다.

Ⓒ 보식

드문 곳은 모가 작을 때 밴 곳에서 흙이 많이 붙도록 떠다가 보식한다.

Ⓓ 순지르기

6~8월에 적심을 하여 줄기와 잎이 무성해지지지 않도록 순지르기를 해야 수량을 높일 수 있다.

순지르기는 1년생은 1회, 2년생은 2회 실시한다. 특히 밀식재배 때는 순지르기를 철저히 해야 황기 생산량을 높일 수 있다.

6) 육묘이식재배

실용적인 재배법은 못 되고 포장조건이나 육종시험 등 불가피할 때에 적용한다.

① 육모

햇빛이 잘 드는 곳에 방풍시설을 하고 청결한 밭의 세토 4: 퇴비의 분말 4: 세사 2의 비율로 혼합한 흙에 한 포트당 1g의 복합비료를 섞은 후 직경 6~7cm의 종이 또는 비닐 포트에 넣는다. 포트의 중앙에 3~4mm의 구멍을 뚫고 이곳에 종자를 3~4립 파종한 다음 세토 또는 모래를 2~3mm 두께로 복토하고 충분히 관수한다.

황기는 곧은 뿌리로 포장에 파종했다가 그대로 옮겨 심으면 활착이 잘 되지 않기 때문에 주의해야 한다.
파종시기는 4월 상순이 알맞고 이때 노지파종을 하여도 7일 정도면 발아한다.
비닐하우스 내에서는 3~4일이면 발아한다. 이 모든 과정 중 가장 중요한 것은 물을 주는 것으로서 매일 1~2회(맑은 날 2회)씩 한다.
파종 후 30일 정도 지나면 이식할 수 있다. 발아 후 10일 되는 날 한 포트당 2개만을 남기고 모두 솎아 낸다.

② 아주심기

본포에는 퇴비나 석회를 시용하고 깊이갈이해 정지한다.
이식 3~5일 전에 복합비료 3g, 요소는 1g 정도를 심을 곳에 미리 넣고 흙을 덮어 두었다가 심도록 한다.

Ⓐ 아주심기방법

모를 옮기기 전에 충분히 물을 주고 상자 같은 데에 넣어 운반한다. 폿트 크기의 구멍을 파고 포트 채 옮겨 심은 다음 주위에 흙을 채우고 눌러 준다. 비닐포트의 경우 밑부분을 찢어서 아주심기해야 한다.

7) 병충해 방제

① 병해

확실히 확인한 바는 없으나, 8~9월 경 기온이 높고 비가 많이 올 때 뿌리가 썩기도 하는데 이것은 생리장해로 여겨지며 배수가 잘 이루어지면 미리 예방할 수 있다.

② 충해

야도충, 굼벵이의 피해가 있으므로 심기 전 석회질소를 10a당 45kg 정도 뿌리고 2~3회 갈아 놓았다가 심는다.
잎과 줄기가 자라면 진딧물이 시도 때도 없이 생기는데 메타시스톡스, 피리모 같은 살충제를 뿌려 구제한다.

8) 수확 및 조제

① 수확

11월 중·하순 경, 잎이 시들면 낫으로 지상부를 베고 괭이나 쇠스랑으로 캔다. 뿌리는 직근성으로 약간 분지하는 것이 좋지만 될 수 있는 한 잘라지지 않도록 조심해서 캔다.

② 조제

수확한 뿌리는 물에 씻고 대칼로 껍질을 벗긴 후 햇빛에 말린다. 이때 비나 이슬에 맞지 않게 한다. 빠른 시일 내에 말려야 품질이 좋으므로 건조는 10~20일 사이에 끝낸다. 수확량은 10a당 1년생근은 건재로서 100kg, 2년생근은 200kg 정도다. 생근에 대한 건조비율은 35%다.

07 인삼

영명
Ginseng Radix

학명
Panax ginseng C.A.Meyer=p.schinseng Nees

과명
오가과 Araliaceae

+약용부위 뿌리

01 성분 및 용도

① 성분

정유 중에 휘발성의 panaquion(배당체), β-elemene panaxin 등을 함유하고 있다. 지용성 성분으로 사포닌과 당류, 아미노산 등도 함유하고 있다.

② 용도

항피로, 강장, 성력감퇴, 진정약, 건위, 식욕부진에 쓰인다.

③ 처방(예)

십전대보탕, 인삼탕, 목방기탕, 사군자탕, 귀비탕 등 중요 첩약에 쓰인다.

④ 방약합편(황도연 원저)

미감하다. 원기를 보충하고 갈증을 멎게 하며 진액을 나게하고 영(동맥혈), 위(정맥혈)를 조절한다.

02 모양

인삼은 오가과에 속하는 음지성 여러해살이 초본으로 우리나라 및 만주가 원산지이다. 키는 25~60cm에 이르고 줄기 끝에 손바닥처럼 생긴 잎이 다섯 개(1년생은 세 개)가 달린다. 어린 잎은 달걀꼴로 잎갓은 톱니모양을 지닌다.

심은 지 3년째 되는 해부터 꽃이 피는데 줄기 끝에 작은 담록황색꽃이 모여 핀다.

장과는 둥근꼴로 약간 납작하며 익으면 홍색이 된다. 뿌리는 주근, 지근 및 지하경의 세 부분으로 되어 있다.

인삼은 옛날부터 불로장수의 이름난 생약으로 만병을 고치는 약이라 해서 많이 쓰이고 있다.

특히 오래 묵은 인삼일수록 그 효과가 크다고 해서 오래 보관해 쓰는 사람들도 많다. 인삼은 매년 외국에 많은 양이 수출되어 외화를 획득하고 있으므로 앞으로 끊임없는 연구와 노력으로새로운 재배기술을 개발, 인삼 한국의 이름을 전 세계에 알려야 할 것이다.

03 재배기술

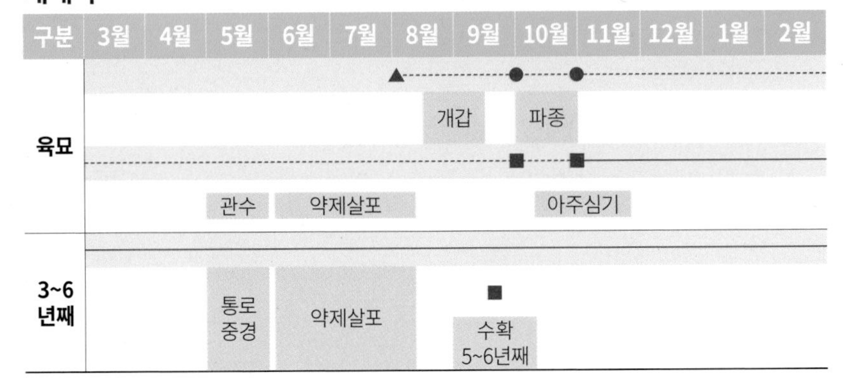

1) 적지

① 기후

인삼은 우리나라, 중국 서북지방의 숲속에 자생하며 북향경사지에서 잘 자란다.

우리나라는 전국적으로 겨울철은 춥고 여름철은 시원하기 때문에 어디서나 재배가 가능하다.

② 토질

부식질이 많고 배수가 잘 되는 곳에서 성장이 빠르다.

토질은 특별한 저습지, 질흙땅, 심하게 건조한 땅 또는 척박한 땅을 제외하고는 전국 각지에서 재배할 수 있다.

토질은 참흙, 모래참흙, 질참흙, 역질참흙, 역질질흙 등에 재배할 수 있으나 배수가 좋은 모래참흙 및 참흙이 적합하다.

2) 품종

인삼은 다른 작물과 같이 인공적인 육종에 의하여 개량된 신품종을 개발하지 못하였다. 재배지에 따라서 만주인삼, 개성인삼, 회진종, 운주종, 일본종 등의 품종으로 불리지만, 각 지방의 종자를 모두 모아서 같은 지역, 같은 조건하에 재배하면 지역특색이 나타나지 않는 인삼으로 자라기 때문에 지역인삼의 구분은 무의미하다. 우리나라에서 생산되는 인삼은 우량계통에 속한다.

3) 번식

종자로 번식한다. 인삼은 보통 3년생부터 개화결실을 시작하여 점차 결과수가 증가한다.

개화결실기는 재배지의 기후, 환경에 따라 차이가 있으나 보통 7월 중·하순이며 번식용 씨앗은 발육이 좋고 무병한 4~5년생 모주에서 1년에 1회 채종하는 것을 원칙으로 한다.

채종할 것 외에는 5월 상순경 꽃대를 빨리 제거해 주고, 홍숙된 씨앗을 따서 마포주머니에 넣고 하천 또는 우물에서 장육을 깨끗이 씻은 다음 하루 이상 그늘에서 말린다.

물기가 마르면 얼게미 공경 4.5mm로 친 것을 상품, 공경 4.0mm로 친 것을 중품으로 구분하고 밑에 내린 것은 하품으로 쓰지 않는다.

① 개갑

인삼종자는 경실종자로 파종 후 발아까지의 기간을 단축하기 위하여 일정기간 씨눈의 생장을 촉진시킨 다음 파종해야 한다. 이를 위해서 종자채취 직후 인위적으로 씨눈의 생장을 촉진시키기 위한 개갑처리를 한다.

Ⓐ 개갑시기

7월 하순부터 늦어도 8월 상순 이전에 시작해야 하며 11월 상순경 파종기까지 계속 개갑처리를 해야 한다.

Ⓑ **방법**

씨앗 1ℓ를 넓이 45cm, 길이 75cm, 깊이 115cm의 나무상자나, 같은 크기의 구덩이(배수가 잘 되는 울 안 양지바른 곳에 구덩이를 파야 한다)를 마련한 다음 〈그림2〉와 같이 개갑처리한다.

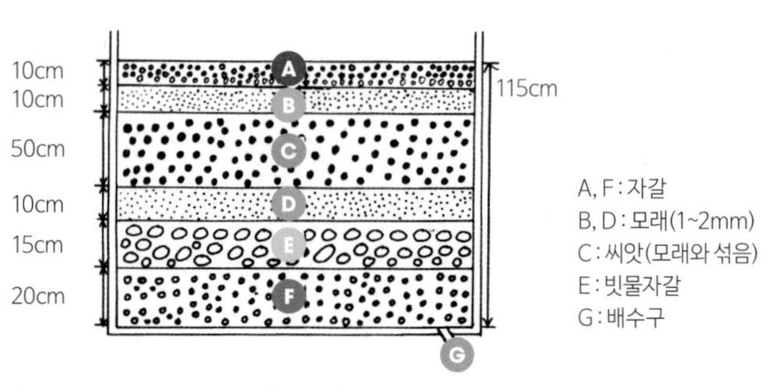

〈그림 2〉 개갑처리 및 방법

밑바닥에 굵은 자갈을 20cm정도 깔고 그 위에 깨끗한 냇모레 15cm정도 덮은 뒤 그 위에 가는 모래를 10cm정도 펴고 모래(지름 2mm 얼개미로 쳐서 씨앗과 잘 구분할 수 있는 최대 크기로 함이 배수상 좋다)3:씨앗1의 비율로 혼합하여 천천히 뿌리면서 잘 누른다.

그 위에 가는 모래를 10cm 정도 펴고 맨 위에 10cm 정도로 자갈을 깐다. 이때 쓰는 돌이나 모래는 깨끗한 냇가에서 골라 사용해야 한다.

Ⓒ **개갑장 관리**

개갑작업이 끝나면 곧 물을 주는데 1회 관수량은 20ℓ내외로 한다. 물도 깨끗하고 맑은 물을 써 병균의 전염을 막아야 한다. 관수시간은 보통 작물과 같이 해뜨기 전과 해진 후가 좋다.

고온기인 9월 중순까지는 1일 2회, 그후 10월 중순까지는 1일 1회 그 후에는 2~3일에 1회씩 물을 준다. 단, 비오는 날은 주지 말고, 흐린 날에는 적게 준다.

8월 하순 경에 씨앗을 꺼내어 그늘에서 공기가 잘 통하도록 뒤섞은 다음,

약 3시간 정도 두었다가 개갑 고르기를 한다. 이때 상자 또는 구덩이의 하부를 조사하여 배수의 양부를 알아둠으로써 다음 관수작업에 참고한다. 3시간이 지나면 다시 묻는데 그 요령은 처음과 같으며 저장 직후부터 9월 중순까지는 매일 아침, 저녁으로 물을 준다. 9월 하순이 되면 땅의 온도가 식고 수분증발도 적어지므로 상자 속의 습도를 조절하면서 하루에 한 번 정도로 물 주는 것을 줄인다.

4) 묘포

① 종류

Ⓐ 토직묘포

모판으로 쓰기 위하여 휴경(연 10회 이상 기경과 충분한 유기질비료를 사용한다.)한 땅에 두둑을 지어 파종하며, 특별한 시비와 관수를 하지 않는 조방적 모판을 사용한다.

토직묘포는 경비가 적게 들고 관리가 편리하지만 충실하고 좋은 체형의 우량묘삼을 생산할 수 없으며 처음 예정지의 토양조건에 따라 작황이 크게 좌우하므로 이 방법은 우량묘삼 생산을 위한 안전묘삼 육묘법으로는 적당하지 못하다.

Ⓑ 양직묘포

휴경중은 토직묘포와 같이 하되 황토(화강암이 풍화 붕괴된 것으로 겨울동안 잘 풍화시킨 토양) 500ℓ에 약토(활엽수의 낙엽을 썩힌 것으로 잘게 부수어 낙엽 18ℓ에 고랫재 3.6~5.4ℓ를 섞은 것) 210ℓ의 비율로 혼합 조제한 것을 상토로 쓰는 모판으로서 집약적 방법이라 하겠다.

생산비는 다소 높지만, 이 방법을 통해 생산한 묘삼은 동체가 길며 뇌두가 건실하고 체형이 커 우량묘삼을 생산할 수 있다. 특히 홍삼포용 묘삼 생산에 적당한 방법이다.

Ⓒ **반양직묘포**

토직묘포와 양지묘포, 이 둘의 중간을 절충식으로 취하는 방법이다.

한정지로 관리한 밭토양 그대로 이랑을 만들고 그 두둑의 흙을 채눈 크기 1.5cm의 얼게미로 쳐서 상면을 만든 다음 그 위에 파종하는 방법이다. 반양직묘포의 단점은 양직묘삼에 비해 동체가 짧고 약간 구부러지는 경향이 있어 묘삼의 체형이 양직묘삼에 비해 떨어지는 경우가 많다는 점이다.

② 위치선정

모판의 위치는 인삼재배에 있어 대단히 중요하며 묘삼 생육에 미치는 영향이 크므로 다음과 같은 조건을 갖춘 위치를 골라야 한다.

Ⓐ **동북 또는 북향의 경사지나 평지로써 모래참흙을 택할 것.**

Ⓑ **특히 배수가 잘 되고 깨끗한 땅을 고를 것.**

Ⓒ **접근성이 쉽고 깨끗한 물이 가까이 있어 관수에 편리한 곳을 고를 것.**

③ 두둑짓기

자침을 중심점에 놓고 정북으로부터 동북으로 25° 방향을 잡고 동선상에 줄을 친 다음 이 선에 90°각으로 또 선을 그린다.

우리나라 대부분의 지방에서는 정동에서 남쪽으로 25°와 정서에서 북쪽으로 25°를 연결하는 방향으로 하고 있으며 25~30° 방향도 무방하다.

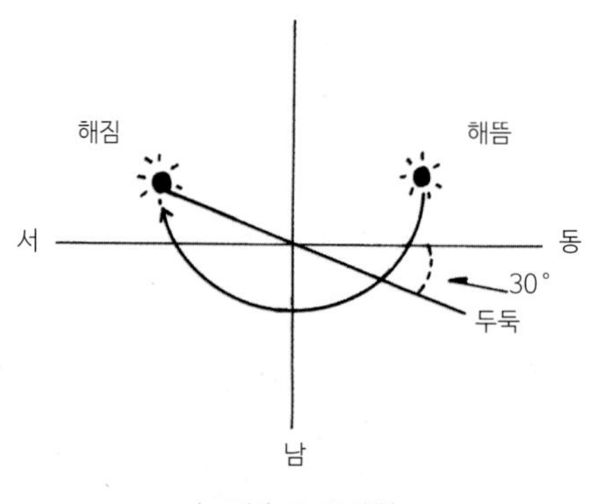

〈그림2〉 두둑방향

방향을 결정하면 2.1m 넓이의 땅에 78cm의 두둑과 넓이 90cm 내외, 높이 30cm 내외의 두둑을 만든다.

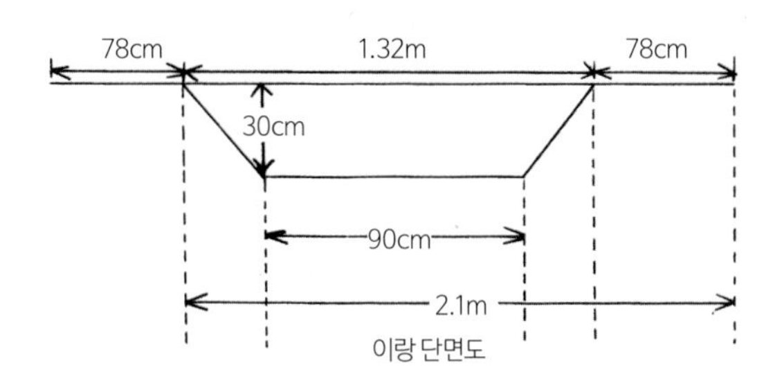

〈그림3〉 두둑만드는 방법

④ 파종상 만들기

Ⓐ 양직묘포

·약토 조제

<표1>

재료명	부엽토	깻묵	쌀겨	골분	비고
구성량(ℓ)	98	0.5	1	0.5	부엽토 : 첨가제 50 : 1

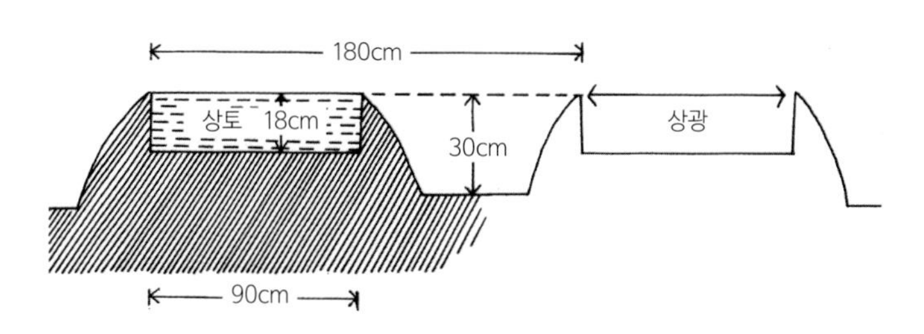

〈그림4〉 양직묘포의 파종상

Ⓑ 반양직묘포

청초를 충분히 시용했을 경우 채눈 크기 1.5cm의 채로 친 다음 상폭 90cm, 두둑높이 30cm의 파종상을 만든다.

밑거름을 시용치 못했을 때는 두둑을 만들기 전에 3.3㎡당 40ℓ 정도의 약토를 밭 전면에 균일하게 뿌린 후 두둑을 만든다.

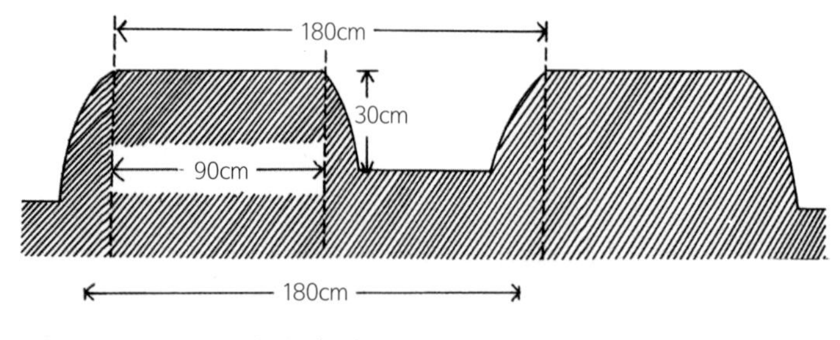

〈그림5〉 반양직 묘포의 파종상

⑤ 파종

Ⓐ 묘포 면적

묘삼 작황과 이를 이식할 때 생길 수 있는 문제 등을 고려해 홍삼포용 묘포는 본포 면적의 1/8 정도로 125㎡ (38평), 백삼포는 비교적 밀착해 이식하므로 본포 면적의 1/6 정도로 165㎡ (50평)의 묘포 면적이 있어야 한다.

Ⓑ 파종시기 및 방법

10월 하순~11월 중순이 파종 적기다. 파종방법은 점부리, 줄뿌림, 흩뿌림의 세 가지가 있으나 종자를 절약하고 생육을 고르게 하기 위하여 대부분을 점뿌림을 선택한다.

Ⓒ 파종량

간 당(180×90cm) 3.6×3.6cm 간격으로 1,200립을 파종하는 방법과 3.0×3.0cm 간격으로 1,740립을 파종하는 방법이 있다.

Ⓓ 파종방법

장척을 결정하면 모판 한쪽에서부터 장척을 치고 한 구멍에 종자 한 알씩 파종한다. 소독(일광 또는 12-12식 보르도액에 소독할 것)한 냇모래로 상면과 가지런한 높이까지(9mm 내외) 덮은 후 다시 12mm 두께 정도로 소독하지 않은 냇모레 또는 골흙을 고르게 덮는다.

두둑 또는 모래에 습기가 많으면 파종 직후에 물을 주지 않아도 좋으나 건조할 때는 3.3㎡당 10ℓ정도로 물을 주고 그 위에 산초 또는 짚(되도록 신선한 것을 사용하는 것이 병충해 방제상 좋다)으로 덮고 새끼를 쳐서 바람에 날리지 않도록 한다.

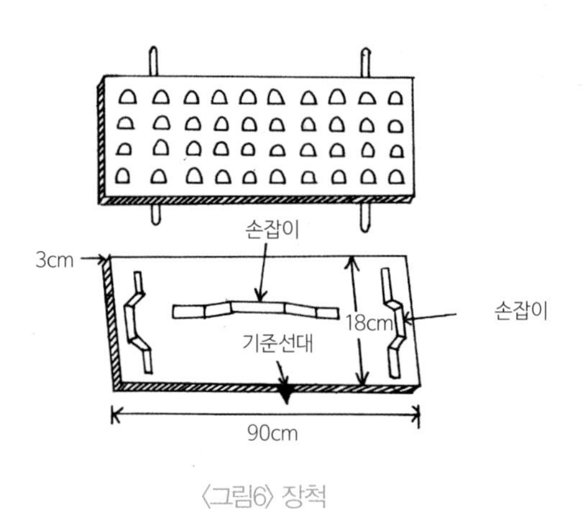

〈그림6〉 장척

씨를 뿌린 후 겨울 동안에 짚, 풀 등으로 덮어 둔다. 이때 쥐들이 모여들어 피해를 입기 쉬우므로 항상 주의하고 미리 쥐약을 사용하거나 쥐덫 등을 설치해 피해를 예방한다.

⑥ 모판 해가림

중부에서는 4월 중순, 남부에서는 4월 상순경에 발아하기 때문에 이에 앞서 〈그림7〉과 같은 해가림 시설을 설치한다. 햇빛의 직사와 빗물을 막아주고 또한 앞뒤, 옆 등에 발을 쳐서 기절 공기의 습도, 주야, 청우 등에 대비한다. 한편 발아 때가 되면 언제나 발아여부를 확인하여 발아하기 시작하면 바로 덮어둔 짚, 풀 등을 거둔다. 모든 작업은 신속하게 이루어져야 한다.

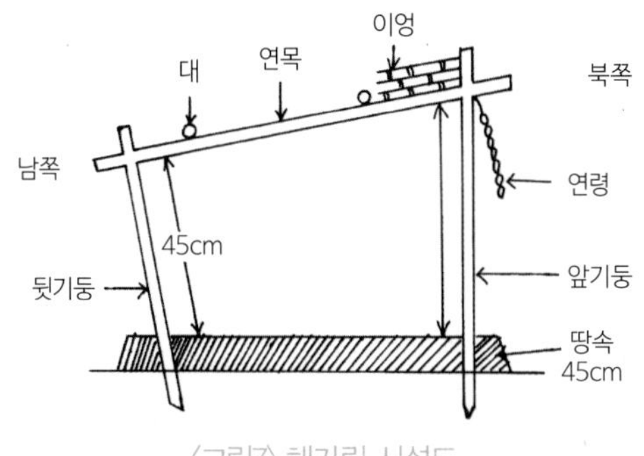

〈그림7〉 해가림 시설도

⑦ 묘포관리

Ⓐ 관 수

파종 후부터 다음 해 가을까지 모판에 빗물이 새어 떨어지지 않도록 하고 이 기간 중 너무 건조하지 않도록 수시로 물을 주도록 한다. 보통 1회 3.3㎡당 관수량은 10ℓ 내외가 적당하다. 비는 각종 병해 발생과 발육 저하의 원인이 되므로 비를 맞지 않게 항상 조심한다.

Ⓑ 면렴의 개폐

면렴의 오르내림은 그날의 일기와 시기에 따라 다르며 5월 하순까지는 맑은 날이면 해뜨기 전에 걷어 올리고 해가 진 뒤 내린다. 모판은 폭풍우에 대단히 약하므로 주야를 불문하고 풍우가 있을 때는 반드시 면렴을 내린다.

6월 상순부터는 반대로 상면에 햇빛이 지나갈 때까지 면렴을 내려 두었다가 다시 걷어 올린다.

장마가 끝나면 면렴을 걷어 올려서 바람이 잘 통하도록 해준다.

Ⓒ 가토와 웃거름

가토는 삼경의 쓰러짐 방지와 웃거름을 목적으로 하는 것이므로 5월 중순경 삼엽이 완전히 나기 전에 해야 한다. 3.3㎡당 고랫재 0.54ℓ, 냇모래 10.8ℓ, 약토 0.8ℓ를 혼합하여 얼게미로 1.8cm 정도정도 가토한다.

가토 후 물을 주고 면렴을 내려둔 채 3일이 지난 후 면렴을 걷어 올린다.

Ⓓ **복토**

묘의 지상부는 10월 중에 고사하기 때문에 얼기 전에 골흙을 파서 9~12cm 정도로 덮어 겨울을 나게 한다.

⑧ 묘삼의 선택 및 이식

Ⓐ **묘삼을 캐는 시기**

3월 하순~4월 상순이 적기이므로 먼저 흙덮기한 것을 헤치고 한쪽에서부터 뿌리가 상하지 않도록 잘 캐낸다. 식부가 가능한 묘삼을 골라 질그릇에 정연히 재어 넣고 창호지 등으로 밀봉한 다음 심는다. 발육이 매우 떨어지는 병삼은 버린다.

Ⓑ **선별**

심을 수 있는 묘삼은 갑삼과 을삼으로 선별한다. 갑삼은 뇌두가 건실해야 하고 모양이 곧으며 뿌리의 길이도 15cm이상인 것으로 1차(750g)당 800본 안 쪽으로 골라야 한다.

을삼은 갑삼보다 뇌두와 모양의 곧음새, 뿌리의 길이 등이 떨어지는 것으로 1차당 800본~ 1,100본으로 한다.

⑨ 본포

10월 중순부터 11월 중순까지 다음 해 봄 이식할 본포의 두둑을 만든다.

㉮ **방향**

묘포에서와 같이 정동에서 남쪽으로 25°에서 30° 기울어진 방향으로 하는 것이 좋다.

Ⓑ **토질**

표토는 역질 참흙 또는 모래 참흙을 쓰는데 깊이는 24~27cm가 가장 적당하다. 심토는 보온성이 있는 질찰흙 또는 자갈 섞인 질흙으로 하고 밑이 받치는 곳이 좋다. 금산 인삼재배지의 토성 조사 결과는 표2와 같다.

<표 2> 인삼재배지의 토성 (kg/10α)

재배지	토양산성 (PH)
모포지대	4.98
2년근지대	4.29
3년근지대	5.13
4년근지대	4.34

Ⓒ 이식

㉠ 이식상 만들기 : 지난 가을에 만들어 놓은 두둑의 흙을 부드럽게 한 후 상폭 90cm, 고량폭 90cm, 상높이 30cm가 되도록 각목으로 정지작업 후 이식한다.

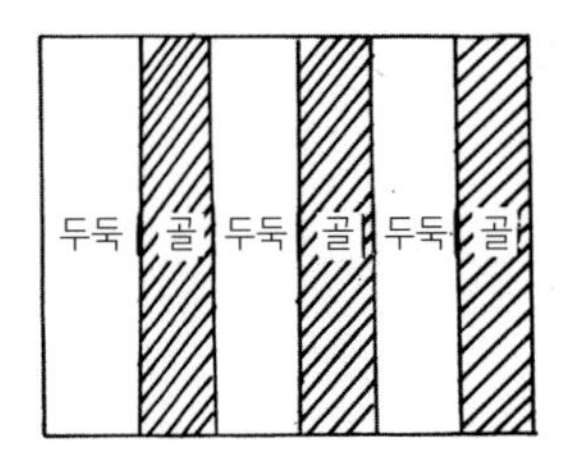

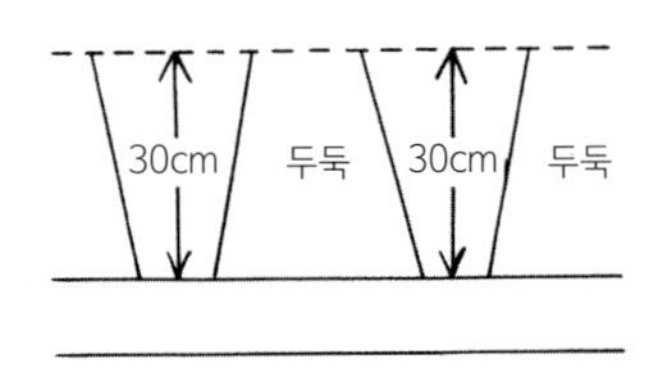

〈그림8〉 두둑 만들기

㉡ 이식시기 : 3월 중순부터 4월 상순까지가 이식하기에 가장 알맞은 시기이다.

㉢ 재식거리 : 홍삼포의 경우 간당(90cm×180cm 기준) 40~54본을 심고, 백삼포의 경우 63~80본 정도 심는 것이 좋다.

㉣ 재식방법 : 인삼묘를 35~45°의 경사로 심은 다음 발아가 쉽도록 깨끗하고 가는 모래로 삼뇌를 약 6mm 정도 싸주고 그 위에 3cm 두께로 흙을 덮는다. 그리고 발아할 때까지 건조방지를 위한 이엉 두 장을 덮어 준다.

Ⓓ 본포 해가림

이식 후 약 10일이면 발아하므로 발아에 앞서 해가림 시설을 해야 한다.

해가림 시설은 1.8m 간격으로 기둥을 박고 〈그림9〉와 같이 묶은 다음 빗물이 새지 않도록 특별히 조심해 설치한다. 전체적으로 묘포 해가림과 같은 방법으로 만들어 세워야 한다.

본포 해가림은 인삼 생육에 미치는 영향이 크기 때문에 해마다 새로 만들어 설치한다. 심고 나서 3년이 되는 해부터 6년이 되는 해까지 해가림의 기둥 높이를 매년 9~12cm씩 높여 만든다. 3년근부터 6년근까지는 전후 기둥의 높이를 해마다 9~12cm씩 올려주어야 한다.

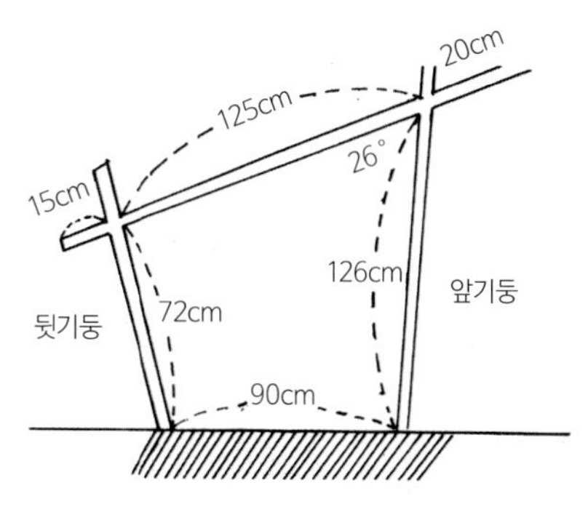

〈그림9〉 본포 해가림

인삼은 양하기 때문에 지나친 직사광선은 피해야 하며, 음하기 때문에 비가 내리는 것을 싫어하고 침수를 꺼린다. 그리고 건조한 것을 좋아하면서 가뭄을 싫어하는 식물이다. 특히 폭양을 꺼리므로 이를 조심해야 한다.

누수를 방지하기 위하여 해가림 하단에 투명비닐(0.03mm) 1겹을 깔고 그위에 이엉을 덮는 것이 좋다.

모든 작업이 끝나면 도난과 가축 등 피해예방을 위한 울타리를 친다.

Ⓔ **본포관리**

㉠ **촉아 및 제토 :** 인삼은 심은 그해 모두 발아하기는 하지만, 3년근 이상 된 묵은 뿌리를 사용했을 경우 발아와 생육 모두 떨어진다. 일단 발아는 하지만 해마다 발아가 고르지 못하고 생육이 좋지 못하다.

그러므로 3년근 이상은 전해 가을 월동시키기 위하여 덮었던 흙을 봄에 완전히 제거하고 발아촉진을 도모하여야 한다.
전 해 가을 흙덮기 때 표하기 위하여 뿌려 둔 모래가 나올 때까지 제토를 하고 4월 상순경, 즉 제토 후 10일을 전후로 하여 돌, 흙덩이 등을 제거한다. 삼뇌를 상하지 않을 정도로 위의 땅면을 부드럽게 만들어 발아하기 쉽게 하여 준다. 또한 풀은 나오는 즉시 뽑아 주어야 한다.
㉡ **거름주기 및 가토 :** 거름은 보통 이식한 바로 그해에 하지 말고 3년근부터 매년 5월 상순경 실시한다. 벽토 분말 3.3㎡(1평)당 9ℓ내외, 닭똥, 깻묵 등을 완전히 썩혀 562g 내외로 잘 섞은 다음 그루 사이에 1.5~1.8cm정도의 얕은 골을 파고 시비한 다음 다시 흙을 덮고 삼대의 기부에 흙을 모아 덮어 삼대가 쓰러지는 것을 방지한다.
5월 초에 어린 풀을 베어 비가 들지 않는 곳에 두고 소량의 용성인비를 섞어가며 쌓아 잘 띄운 다음, 이것을 5월 하순 경 3년근 이상의 본포 골 사이에 덮어 주면 거름의 역할 뿐만 아니라 건조를 막고 잡초의 발생을 억제하는 등의 여러 가지 역할을 동시에 수행할 수 있다.
㉢ **꽃대제거 :** 3년근에서 나오는 꽃대는 발견 즉시 제거하고 4~5년근도 채종용 모주에서 나는 꽃대 외에는 뿌리의 발육을 돕기 위하여 될 수 있는 한 빨리 제거하는 것이 좋다.
㉣ **약제살포 :** 각종 병해의 예방약으로서 보르도액을 가장 많이 쓰며 보통 5월 중순부터 8월 하순까지 8-8식 보르도액을 10일 간격으로 살포한다.
약은 분무기로 뿌려야 하며 살포량은 3.3㎡당 0.9ℓ내외가 적당하다.
인삼포는 가림포로 비를 맞지 않도록 되어 있고 물조기도 인공적으로 조절할 수 있으므로 보르도액 조제는 등량식보다 석회 반량식으로 하는 것이 삼 잎의 오염과 훼손을 적게 하며 약 해를 없도록 하는 데 좋다.
㉤ **복토 :** 인삼의 동해 및 상해를 막기 위하여 매해 11월 상순 이후에 실

시한다. 인삼뿌리의 휴면시기를 이용하여 고랑 흙을 파서 9~12cm 정도로 상면을 덮어 주고 부여식은 그대로 둔다. 이때 다음 해 봄 제토 시의 표토 냇모래 또는 황토를 상면에 얇게 펴 발라 준다.

Ⓕ 부초재배방법

부초재배는 상면의 수분증발 억제, 지온조절, 토양의 물리성 개량 등을 위해 실시한다. 부초재배에 따라 인삼의 성장이 잘 이루어지며, 이외에 잡초발생 억제와 토양침식 방지 등에 따른 노동력 절감 면에서도 그 효과가 크기 때문에 반드시 해야 한다.

방법은 볏짚을 약간 느슨하게 엮은 이엉을 덮거나 해가림에 덮었던 헌 이엉을 걷어서 상면에 덮어 주는 것으로 덮는 방법은 이엉을 엮은 부분인 기부가 각각 상토의 전면과 후면으로 향하도록 맞대어 한겹씩 덮되 이엉을 엮은 부분이 각각 해가림의 앞기둥과 뒷기둥 밖으로 가도록 덮어 주어야 한다.

이엉의 엮은 부분이 첫 줄과 다섯 줄째의 인삼 싹 나오는 부분에 덮히면 싹이 뚫고 나오기 어려우므로 상면 양쪽으로 충분히 당겨서 엮은 부분과 싹이 나오는 부분이 겹치지 않도록 하면서 수분 증발을 방지해야 한다.

덮은 후에는 이엉이 바람에 날리지 않도록 앞기둥과 뒷기둥에 각각 매어 주는 것이 좋다.

한 번 덮어 준 이엉은 2년 뒤 그 이엉을 걷지 말고 그 위에 새 이엉이나 헌 이엉을 다시 덮으면 더욱 효과가 크다.

2년근에는 묘삼을 이식하는 즉시 이엉을 위와 같은 방법으로 덮되 묘삼은 뇌두의 깊이가 4cm 정도 되도록 심으면 3년째 되는 해에 가토를 하지 않아도 그 위에 부초를 하기 때문에 쓰러질 염려가 없다.

만약 묘삼을 얕게 심은 곳에 부초를 했을 때에는 가을 흙덮기할 시기인 11월 상·중순경에 이엉을 걷고 반드시 2cm 정도의 두께로 흙덮기를 한 다음 그 위에 걷었던 이엉을 다시 덮어야 한다.

부초재배의 효과를 가장 많이 볼 수 있는 포장은 모래참흙으로서 수분이 부족한 포장, 경사지 그리고 조기낙엽이 되는 포장, 상면에 잡초가 많이 발생하는 포장, 상면에 비료성분이 많아서 염류를 많이 포함하고 있는 포장 등이다.

⑩ 생리장해

Ⓐ 황병

5월 하순~6월 중순경 발생하는데 병원균에 의한 발병이 아니므로 약제 살포에 의한 방제효과는 기대할 수 없다.

황병이 발생한 인삼 잎은 엽록소가 파괴되어 동화량이 크게 감소되고 조기 낙엽이 되므로 뿌리비대에 큰 지장을 준다.

·**방제법** : 부초에 의한 수분증발억제, 칼리나 석회함량이 높고 고토함량이 낮은 포장에 한해서는 유산마그네슘을 10α당 25kg 정도 시용하고 부초한 다음 관수를 해 주는 것이 효과적이다. 황병이 심한 포장에서 회복되려면 2~3년 소요된다.

Ⓑ 은피

4년근 이상의 포장에서 주로 발생하고 원인은 아직 밝혀지지 않았다.

은피는 유기물 함량이 낮고 척박한 야산 개간지의 적황색 찰흙땅, 운모가 많은 토양 또는 산등성이의 모래가 많은 모래참흙에서 많이 발생하며, 특히 봄철 건조기에 한발의 피해를 받기 쉬운 토양에서 더욱 심하다.

은피가 발생한 인삼은 잎줄기, 뿌리 등 모든 부위의 붕소함량이 낮아져 약재로서의 효능 역시 떨어지게 된다. 은피 발생 원인은 토양 수분 부족과 양분결핍 등 복합적인 원인으로 생각된다.

·**방제법** : 애산 개간지나 토양이 척박하고 건조하기 쉬운 포장을 피해야 하며 인삼을 심기로 예정한 예정지에 청초, 신선한 유기물을 많이 넣어 주어 미량요소를 공급한다. 10α당 붕사 0.5~1kg을 약 20kg 정도의 모래에 고루 섞어서 밭 전면에 뿌려 주면 좋다.

부초하고 관수해 주어 수분 증발을 막아 주는 것도 효과적이다.

Ⓒ 근적변삼

뿌리 전체가 적갈색을 띠고 해가 지날수록 실 뿌리가 거의 없으며 동체는 동활이 되고 은피 증상이 겹치는 경우도 있다.

배수가 나쁜 질참흙이나 질흙에 많이 발생하는데 과습지에 두둑이 너무 낮은 삼포에서 주로 발생하는 경향이 있다. 특히 닭똥, 돼지똥 등 질소 함량이 높은 퇴구비나 화학비료를 시용한 경우 더욱 심하다.

·**방제법 :** 토양의 통기성을 좋게 하고 과습 포장인 경우 두둑을 높이고 배수를 철저히 해야 한다. 밑거름이나 웃거름은 질소성분 함량이 높은 미숙 유기질비료를 밑거름과 웃거름 등으로 과다시용하지 않도록 하는 것도 중요하다.

⑪ 병충해 방제

Ⓐ 병해

㉠ **입고병 :** 묘포에서 집단적으로 발생하는 무서운 병으로 5~6월 경에 가장 피해가 크다. 이와같은 증세는 주로 라이족토니아라는 곰팡이와 조균류에 의해서 발생한다.

·**방제법 :** 무병지 토양을 선정하고 상토 및 종자소독을 철저히 해야 하며 또한 상면의 과습을 방지하여야 한다.

㉡ **뿌리썩음병 :** 우리나라 전 인삼재배지에서 발생하며 병으로 이어짓기를 망치는 주요 원인이다.

·**방제법 :** 묘삼 소독을 철저히 하고 인산, 질소질 비료의 과다 시용을 금한다. 특히 과습과 과건의 반복으로 뿌리에 균열이 생기지 않도록 주의한다. 병든 인삼은 발견하는 대로 뽑고 그자리에 캡탄수화제 400배액을 간당 1~2ℓ를 상면에 관주하여 병원균이 퍼지는 것을 막는다.

㉢ **회색곰팡이병 :** 일명 죽병이라고 하는데, 심은 햇수가 오래 된 인삼뿌리에 많이 발생한다.

4월 하순부터 발생하여 6~7월의 장마철에 심하게 발생한다. 특히 강우량이 많고 일조량이 부족한 해에 많이 발생한다.
갈색반점이 생기고 시간이 지남에 따라 잎과 줄기가 시들어 죽고 후에 불규칙한 균핵을 형성한다.

·**방제법** : 병든 줄기는 소각하고 재배지의 배수와 통풍이 잘 이루어지게 한다. 강우기에는 병의 발생이 심해지기 때문에 빈졸수화제(놀란) 또는 프로파수화제(스미렉스) 1,000배액을 자제부를 중심으로 충분히 살포하거나 베노밀수화제, 가벤다수화제 2,000배액을 살포해 주면 효과적이다.

㉣ **반점병** : 공기 전염병으로 6월 하순부터 7~8월의 장마 후에 심하게 발생한다.
잎, 줄기 및 열매에 주로 발생하는데 뿌리에 생기는 경우도 있다. 증상은 원형 또는 부정형의 수침상 병반이 생기는 것으로 안쪽으로는 담갈색, 가장자리는 갈색으로 변한다.

·**방제법** : 토양의 건조, 지온의 상승 등이 병 발생의 원인이므로 부초작업 등을 통해 이를 방지한다.
병든 줄기와 잎을 따 소각하고 발병기간 동안 주기적으로 로브랄 1,000배, 다이센엠-45,600배액을 살포한다.

㉤ **균핵병** : 저온 다습할 때 주로 발생하며 고랭지 재배포장에서 특히 빈번하다.
이 병은 15℃ 내외에서 발생이 가장 심한데 6월이 되면 최고조에 이른다. 병이 진전하면 뿌리는 껍질만 남고 안으로는 쥐똥 모양의 검은색 균핵이 형성된다.

·**방제법** : 병든 인삼은 모두 캐내고 주위에 지오람수화제(호마이) 2,000배액을 매주 100cc정도의 물을 준다. 겨울 뿌리가 동해를 받지 않도록 주의한다.

㉥ **역병** : 묘포 및 본포에서 발생하며 대개 5월 이후 포장이 과습하거나

비가 온 후에 급속히 발생한다.

잎, 줄기 및 뿌리 등 인삼 전체에 발생하는 치명적인 병 중의 하나다.

잎, 줄기 등에 수침상 암갈색 병반이 생기고 병반 부위가 잘록해지며 상부의 잎과 줄기가 시들어 축 쳐지고 말라 죽는다.

병원균은 빗물에 의해 뿌리에 옮겨지게 되는데 뿌리가 무르며 썩는 연부증상이 나타난다.

·**방제법 :** 빗물에 의해 전염되므로 해가림 관리를 철저히 해야 한다. 5월 중순 이후 메타실(리도밀) 3,000배액을, 2년근은 간당 2ℓ, 3년근 이상에서는 3~4ℓ를 관주하거나 성엽살포를 하면 병균의 침입을 막을 수 있다.

메타실을 지상부에 살포할 경우에는 캡탄수화제 400배액 등과 같은 접촉성 살균제와 혼용해야 한다. 메타실 3,000배액의 토양관주는 35일 정도까지 효과가 지속된다.

ⓢ **탄저병 :** 묘포에서부터 전년근에 발생하는 병이다. 줄기 및 잎에 암갈색의 부정형의 반점이 생기며 이후 다갈색으로 변한다. 잎에 생긴 병반의 가운데는 찢어지기 쉽고 발병 후기에는 병반 위에 흑색 소립이 생긴다.

특히 탄저병의 병원균은 빗방울이 튀길 때 작은 물방울과 함께 주위로 확산하기 때문에 해가림이 허술하여 누수가 잦은 포장에서 발생한다.

·**방제법 :** 병든 잎이나 줄기를 제거하고 해가림 관리를 철저히 해 누수를 막는다. 병의 발생 초기부터 캡타폴수화제(디포라탄) 800배액을 간당 0.7~1ℓ로 3~4회 잎과 줄기에 살포하면 효과적이다.

ⓞ **줄기마름병 :** 과경, 줄기, 뿌리에 발생하는데 처음에는 담황갈색의 방추형 병반이 생기고 시간이 지나 은회색으로 변색되며 말라 죽는다.

이 병원균은 빗방울에 튀어 토양에서 줄기 주위로 흩어지기 때문에 비가 오기 시작하면서 발병하여 장마 후에 급격히 증가한다.

·**방제법 :** 병든 줄기는 모아서 소각하고 흙 표면이 빗방울에 의해 튀어오

르지 않도록 부초를 한다. 무엇보다 누수가 되지 않도록 해가림 관리를 철저히 한다.
방제약제는 캡타폴수화제(디포라탄) 800배액이나 지오판수화제(톱신) 1,500배액을 10일 간격으로 간당 0.7~1ℓ의 양을 줄기 중심으로, 비가 오기 전이나 직후에 살포한다.

Ⓑ 충해

㉠ **선충 :** 뿌리의 내부 또는 표면에 구침을 박고 즙액을 빨아 먹어 피해를 입힌다. 특히 선충이 분비하는 독소나 효소 또는 상처를 통해서 토양 병원균이 침입해 뿌리를 썩게 만든다. 7~8월에 발생이 가장 심하다.

·**방제법 :** 기주식물이 아닌 작물과 돌려짓기하거나 토양에 유기물을 뿌려 선충을 잡아 먹는 미생물의 활동량이 늘어나도록 한다.
방제약제로는 예정지 관리 때나 본포의 인삼재배 중에 모캡 등을 10α당 9~10kg가량 시용함으로써 80~90% 정도의 살충 효과를 얻을 수 있다.

㉡ **땅강아지 :** 부식질이 많고 습한 곳을 좋아하는데 5~6월부터 월동한 땅강아지는 주로 2년근의 뿌리를 갉아 먹으며 땅 속에 굴을 파고 다니면서 지면을 들뜨게 하는 등 삼포에서 그 피해가 크다.
1년에 2회 발생하는데 5~6월 경과 10월 경에 가장 피해가 크다.

·**방제법 :** 포살하거나 발생기인 5~6월에 미랄, 오트란 및 더스반을 토양에 섞어 방제한다.

㉢ **거세미류:** 인삼 포장에 피해를 입히는 거세미류는 거세미와 검거세미이다. 거세미류의 발생은 4월, 7월 및 9월등 3회 발생한다.

·**방제법 :** 큐라텔과 다이아지논 입제 등을 1:1로 섞어 10α당 4~6kg 토양과 충분히 섞은 다음 처리한다.

㉣ **풍뎅이류(굼벵이류) :** 풍뎅이의 유충(굼벵이)이 뿌리, 뇌두 등을 갉아먹어 큰 피해를 입힌다. 성충은 연 1회 발생하며 부화된 유충은 땅속에서 월동한다.

· **방제법 :** 성충은 이른 아침에 포살하는 방법과 유아등을 설치하여 유살하는 방법이 있으며 방제 약재로는 보라톤, 오트란, 다이아지논 및 모캡 등이 있다.

ⓜ **조명나방 :** 잎 뒷면에 숨어 있다가 밤에 활동하며 잎의 뒷면에 산란한다. 부화된 유충은 잎을 갉아 먹다가 분산하며 줄기나 엽병을 뚫고 들어간다. 유충이 뚫어놓은 엽병이나 줄기는 바람 등에 의해서 쉽게 부러지며 식해부의 윗부분은 말라 죽는다. 7~8월에 2회 발생하며 산란한다.

· **방제법 :** 피해를 입은 잎과 줄기는 잘라 소각하고 다이아지논 유제를 1,000배액으로 7월과 8월 조명나방 발생기에 살포한다.

5) 수확 및 조제

홍삼원료는 본포 이식 후 5년째 되는 해 즉 6년근, 백삼 원료는 4~5년근을 캔다. 홍삼원료의 수확시기는 홍삼포의 경우 수납 일정에 따라 결정하는데 9월부터 10월까지, 백삼원료는 8~9월 중에 각각 캔다.

먼저 해가림시설을 제거 한 후 가래나 쟁기로 두둑히 앞뒤 변죽을 따내고 재배년수에 따라 구분한다.

Ⓐ 백삼

수삼을 물에 씻어 그대로 또는 껍질을 깎아 말린 것으로서 검사결과 홍삼원료로서 수납되지 못한 것을 백삼으로 제조, 판매한다.

Ⓑ 홍삼

수삼을 수증기로 쪄서 이를 화력 또는 햇빛에 말린 것으로 홍색을 띤다. 홍삼의 제조원료는 지정 경작구역 내에서 생산한 것 가운데 검사에 합격된 것을 쓰며 홍삼 0.6kg을 제조하는 데 소요되는 수삼은 2.2kg 정도다.

08 작약

영명
paeoniae Radix

학명
백작약 - Paeonia Japonica Miyabe et
적작약 - Paeonia Albiflora Pallas Var. Huth

과명
작약과 Paeoniaceae

01 성분 및 용도

① 성분

뿌리에 안산향산, 수지, 아루카로이드, paeonine을 함유하고 있다.

② 용도

진경, 진통, 수렴, 두통, 복통, 적리, 지한, 조경 등에 이용한다.

③ 처방(예)

작약감초탕, 사물탕, 작약감초부자탕 등 중요 처방에 쓰인다.

④ 방약합편(황도연 원저)

백작약 : 미산하고 성한하다. 복통과 이질을 멎게 하며 수렴이나 보익에는 능하고 허한에는 금기한다.

적작약 : 미산하고, 성한하다. 산사시키는 능력이 있어서 파혈시키고, 통경을 하나 산후에는 조심한다.

02 모양

흔히 관상용 또는 약용으로 심는 다년초로 높이가 50~80cm까지 자라며 한 포기에서 여러 대가 나온다.

뿌리는 방추형태로 굵어지며 조제하여 약용으로 이용한다.

잎은 호생하며 뿌리에서 돋는 것은 1~2회 우상으로 갈라지며 위의 것은 셋으로 깊게 갈라지거나 갈라지지 않고 밑부분이 엽병으로 흐른다.

작은 잎은 피침형, 타원형 또는 달걀꼴로 표면은 짙은 녹색이고 뒷면은 연한 녹색이다. 털이 없으며 엽병은 엽맥과 더불어 붉은 빛이 돌고 가장자리는 밋밋하다.

5~6월에 원대 끝에 커다란 꽃이 한 개씩 달리며 흰색, 붉은색 등 여러 가지 품종이 있다. 꽃받침잎은 5개로 가장자리가 밋밋하고, 녹색이며 끝

까지 떨어지지 않고 달려 있다. 꽃잎은 10개 내외로서 길이는 5cm 정도이며 수술이 많고 황색이다. 씨방은 3~5개로 털이 없고 짧은 암술머리가 뒤로 젖혀지는 것이 특징이다. 산작약은 흰색 홑꽃이 피는데 겹꽃이 피는 가작약에 비하여 결실을 잘 맺는다.
그러므로 종식번식 묘는 산작약을 많이 심지만 산작약은 뿌리가 아주 가늘고 성장이 늦어 약용재배로는 적합하지 않다.

03 재배기술

재배력

구분	8월	9월	10월	11월	12월	1월	2월	3월	4월	5월	6월	7월
1년째		아주심기							웃거름	적뢰	웃거름	
2년째		웃거름 ■	수확(3~4년째)						웃거름	적뢰		

1) 적지

① 기후

우리나라 전역에서 재배할 수 있으나 추운 지방보다 따뜻한 지방에서 잘 자란다.

② 토질

표토가 깊고 비옥하며 배수가 잘 되는 점질양토 또는 식양토로서 햇빛이 잘 들고 통풍이 잘 되는 지형이 좋다.
사질토양에서는 잔뿌리가 많이 생기고 근류선충병의 발생이 심하며 습기가 많은 땅에서는 공기유통이 나빠 뿌리의 발육이 더디고, 썩거나 병해를 입기 쉽다. 작약은 연작이 안 되는 작물로 한 번 수확한 곳에서는 3~4년간 다른 작물로 교체하여 심는 것이 좋다.

2) 품종

식물학적으로는 적작약과 백작약으로 분류되어 있다. 우리가 많이 재배하고 있는 것은 가작약으로 대부분 백작약에 속한다.

3) 번식

작약의 번식은 종자와 분주법으로 나뉜다. 종자 번식은 수확 시까지 장시간이 걸리므로 목단의 접목용 대목을 양성하는 데 주로 쓰인다. 약용으로 뿌리 수확을 목적으로 할 때는 주로 분주법을 택한다.

① 분주법

Ⓐ 시기

9월 하순~10월 중순(줄기와 잎이 시들었을 때)

Ⓑ 방법

포기를 완전히 캐어 낸 다음 굵은 뿌리를 잘라서 약재로 가공, 조제하고 한 그루에 건실한 싹눈 2~3개 정도가 붙도록 쪼갠다. 이 때에 세근이 상하지 않도록 많이 붙이면 수확 가능 시기를 단축할 수 있다.
자른 곳에서 나무재, 서레산석회를 묻혀서 소독한 후 심는다.

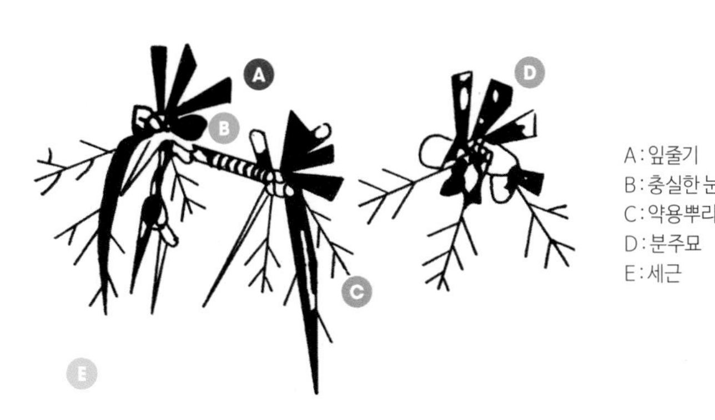

〈그림1〉 작약의 분주법

② 종자번식

종자번식은 화훼용 대목 양성을 위한 방법이다.

Ⓐ 채종

8월 중·하순 경 꼬투리의 빛깔이 황갈색으로 변하고 그 속의 종자가 윤이나고 흑갈색인 것을 채종한다. 채종한 것은 수분이 적은 모래와 섞어서 20℃ 이하의 온도에 저장하여, 후숙시킨다.

Ⓑ 종자처리

작약의 종자는 껍질이 초질로 되어 있는 경실종자로써 그대로 파종하면 발아가 늦거나 잘 이루어지지 않는다.

종자처리방법에는 층적법, 찰상법, 약품처리법 등이 있는데 가장 손쉽고 실용적인 방법은 층적법으로 그 처리과정은 〈그림2〉와 같다.

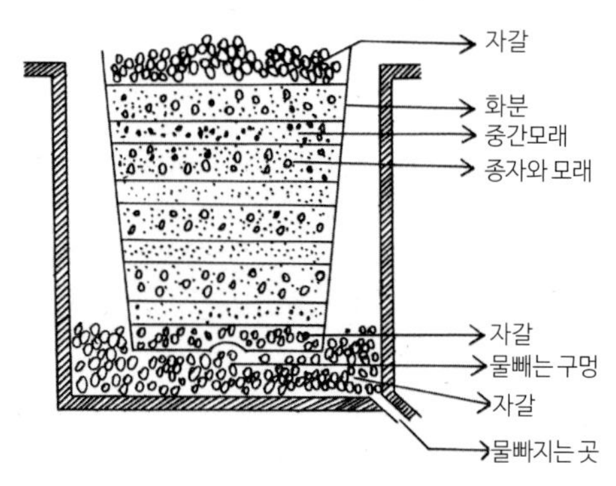

〈그림2〉 작약종자 층적처리

㉠ 처리시기 : 9월 상순

㉡ 1ℓ의 종자처리 용기 : 직경 30cm, 높이 30cm의 화분이나 같은 크기의 그릇이면 된다.

Ⓒ 층적법 작업순서

㉠ 화분의 밑구멍을 막고 물이 잘 빠지도록 5cm정도 자갈을 깐 다음, 그 위에 모래를 2~3cm 정도 넣는다.

㉡ 모래와 종자를 반반으로 섞어 5cm 정도 넣고 그 위에 또 모래를 깔고 모래와 섞은 종자를 넣는 순으로 반복하여 쌓는다.

㉢ 맨 위에 자갈로 덮는다.

㉣ 화분의 작업이 끝나면 지하수의 침해를 받지 않는 반 음지에 45cm 깊이의 땅을 파고 배수가 잘 되도록 굵은 자갈을 15cm 정도 깐다.

㉤ 겉흙면과 수평하게 화분을 묻는다.

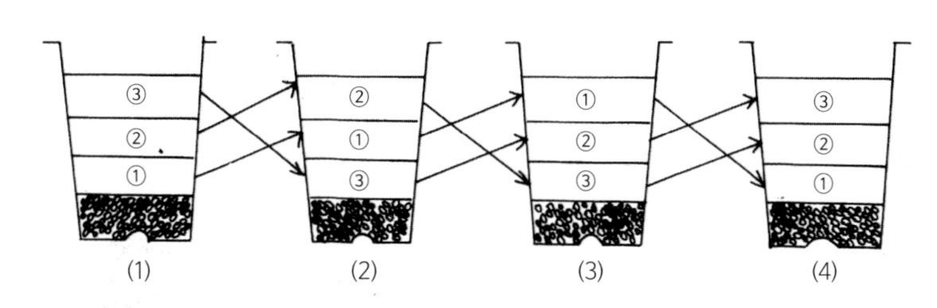

〈그림3〉 갈아쌓기 순서

Ⓓ **pot(화분)의 관리**

㉠ **묻어 두는 기간 :** 약 30일

㉡ **적체 :** 7~10일 간격으로 적체하여 뿌리가 나는 것을 일정하게 한다.

㉢ 80% 이상 뿌리가 생기면 미리 준비한 모판에 파종한다.

Ⓔ **파종**

㉠ 파종 전 모판에 퇴비, 갯묵, 닭똥 등의 유기질비료를 충분히 넣고 땅을 고른다.

㉡ 2m 내외의 두둑을 만들어 줄뿌림 또는 점뿌림을 하고 2~3cm 정도 복토한다.

㉢ 짚이나 잡초를 깔아 표토가 굳어지는 것을 방지하고 땅이 마르는 것을 막는다.

㉣ 3월 하순~4월 상순경 발아하면 인분뇨를 3~4배의 물에 타서 주거나 요소를 물에 녹여서 엽면에 시비하면 효과적이다.

4) 아주심기

① 시기

9월 하순~10월 중순

※ 작약은 11월 경부터 뿌리와 새로운 눈이 자라기 시작하므로 그 전에 옮겨 심어야 한다. 시기를 놓쳐 봄에 심으면 뿌리의 활착보다 잎과 줄기의 성장쪽으로만 양분의 소모가 많아 뿌리가 제 자리를 잡는 데 지장이 많다.

② 재식거리

이랑나비 60cm, 포기사이 45cm 간격으로 심는다.

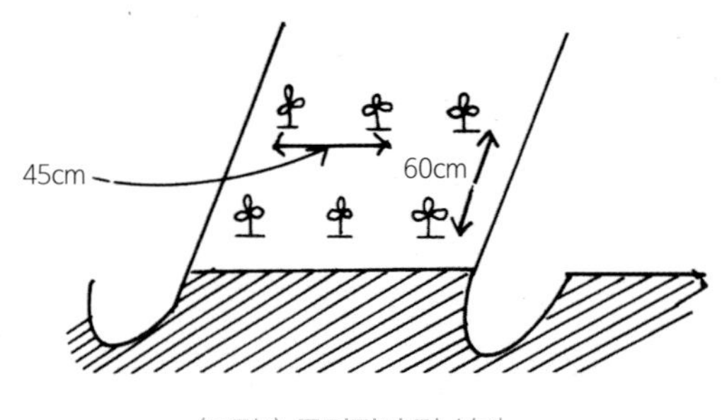

〈그림4〉 두덕짓기 및 심기

③ 재식방법

골을 파고 심거나 구덩이를 파고 완숙퇴비를 충분히 넣은 후 겉흙과 잘 섞는다. 그 후 모의 눈이 위로 오도록 바르게 세워놓고 6cm높이로 흙을 덮은 다음 주위를 가볍게 밟는다.

10α 당 종묘의 소요량은 150kg 정도이다.

재식밀도는 땅의 비옥도나 수확 연수에 따라 다르나, 35~50g의 종묘라면 10α 당 4,000개까지 집약 재배할 수 있다.

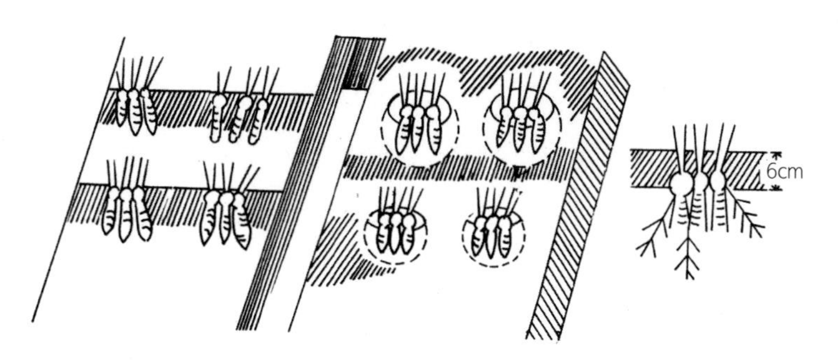

〈그림5〉 작약의 심는 방법

④ 거름주기

밑거름으로 유기질 비료를 충분히 주어야 생육에 도움이 되며 수확량도 증가한다.

<표1> 작약의 시비량 (kg/10α)

종류 \ 구분	시비량	비고
퇴비	1,100	밑거름
용과린 또는 용성인비	45	-
깻묵	190	-
닭똥	180	-
인분뇨	1,100	웃거름

5) 주요관리

㉠ 추위로 인한 피해와 땅의 건조를 막기 위하여 싹 위에 흙을 약간 두껍게 덮어 주고 퇴비나 짚 등을 씌운다.

㉡ 꽃봉오리는 절화용 또는 채종할 것을 포기당 건실한 것으로 두 송이 정도 남기고 잘라 준다.

6) 병충해 방제

① 병해

Ⓐ 보트리티스병(Botrities)

꽃봉오리, 꽃잎, 잎자루 등에 발생하는데 피해가 심해질수록 줄기가 고사한다. 원인은 질소질비료 과용이며, 일단 발병하면 비가 올 때 더 심해진다.

·**방제법** : 꽃봉오리가 생기면 수시로 6-6식 석회보르도액을 뿌려주고 피해 부분을 잘라 없앤다.

Ⓑ 탄저병

개화 전 비가 오래 계속 되면 잎과 줄기에 흑갈색의 병무늬가 생겨 고사한다.

·**방제법** : 6-6식 석회보르도액을 뿌려주면 효과적이다.

Ⓒ 엽반병

개화 전과 꽃이 진 후에 햇빛이 잘 들지 않고 통풍이 이루어지지 않는 곳에서 발병이 나타날 수 있다. 잎 포면에 둥근 다갈색의 병무늬가 생겨 점점 커지며 색이 변한다.

·**방제법** : 초기에 석회보르도액을 뿌려 주면 좋다.

Ⓓ 백견병

이 병은 6~9월 경 줄기와 뿌리 부분에 피해를 주는데 연작을 했을 때 자주 나타난다.

·**방제법** : 6-6식 석회보르도액을 뿌려 주면 효과적이다.

② 충해

하늘소 벌레, 개각충 혹은 진딧물이 발생하여 피해를 준다.

·**방제법** : 하늘소 벌레는 발아 전에 석회유황합제를 보메5도액으로해 뿌려 준다. 5~6월 경을 전후하여 개각충, 진딧물 등은 메타시스톡스, 살비제 등 살충제를 뿌려 주면 피해를 막을 수 있다.

7) 수확 및 조제

분주하여 아주심기한 것은 3~4년 만에 수확할 수 있다.

①수확기 결정

뿌리의 발육상태, 병충해의 피해 및 약용작물의 시세를 보아 결정한다.

② 시기

9월 하순~10월 중순

③ 방법

시들은 줄기와 잎을 떼어내고 포기의 흙을 잘 털어 묘두와 약용뿌리를 분리한다. 약재로 쓸 뿌리는 물에 씻어 딱딱한 플라스틱솔로 문질러 껍질을 벗기고 햇빛에 말린다.

말릴 때 비에 맞거나 녹슨 쇠붙이 칼로 껍질을 벗기면 작약의 색깔이 변해 품질이 떨어지므로 조심한다.

수확량은 4년생을 캤을 때 생근으로 10α 당 2,000~3,000kg이며, 이중 근두부가 700kg 정도다.

09 목단

영명
Moutan Cortex Radicis

학명
Paeonia moutan Aiton

과명
작약과 Paeoneaceae

+ 약용부위 근피

01 성분 및 용도

① 성분

근피에 배당체(paeonol), 안식향산을 함유하고 있다.

② 용도

소염, 진통, 정혈, 해열, 치질, 맹장염 약으로 쓰인다.

③ 처방(예)

대황목단피탕, 청열보혈탕, 가미소요산 등.

④ 방약합편(황도연 원저)

미고성한하다. 경혈을 통리하며 무한의 골증과 혈분열 등을 다스린다.

02 모양

원산지가 중국이다. 정원에 많이 심는 관상용 교목으로 잎이 지는 낙엽목이며 키는 60cm에서 큰 것은 2m가 되는 것도 있다. 성장은 느리지만 나무 수명이 길다. 잎은 두 번 갈라진 깃꼴겹잎이고 어린 잎은 둥근꼴로 고르지 않다. 드믄 톱니 갓둘레이고 잎 표면에 윤기가 있다.

5월 가지 끝에 봉오리가 큰 꽃이 핀다. 꽃받침은 5장이며 화변은 5~10장이다. 꽃색은 여러 가지가 있다. 중국에서는 이 꽃을 꽃중의 왕이라 부르나 중국 현지에서는 재배가 잘 이루어지지 않는다. 우리나라에서는 중·남부지방에서 많이 심는다.

뿌리를 약재로 이용하며 꽃은 꽂이꽃으로 이용된다.

뿌리는 뿌리 전체가 아닌 심을 빼낸 뿌리껍질을 이용하는데 껍질이 두껍고 향기가 강한 것이 우량품이다. 뿌리는 소염, 진통, 정혈약으로 쓰며 특히 치질과 맹장염에 많이 이용한다.

03 재배기술

재배력

구분	9월	10월	11월	12월	1월	2월	3월	4월	5월	6월	7월	8월
1년째	▲ 아주심기(분주)	▲						웃거름①	적뢰		부초	웃거름②
2~5년째		웃거름①						웃거름②				
	■	수확(3~5년째)										

1) 적지

① 기후

목단 재배는 따뜻하고 건조한 곳이 적당하며 우리나라에서는 경상북도·충청북도에서 많이 재배한다. 중부 이북에서는 안전재배를 위하여 겨울동안에 방한피복을 해야 한다.

② 토질

배수가 잘 되고 유기질이 풍부한 질참흙이나 점질참흙을 쓰고 동남향으로 비탈진 곳이 재배하기에 가장 이상적이다.

2) 품종

목단의 품종은 상당히 많으나 약용 품종이 따로 육성되어 있지 않다. 원종으로 알려져 있는 것은 Paeonia, Moueon, Sims이다.

① Baile의 변종분류

㉠ Var rabra-plena, Hort : 홑꽃의 붉은 꽃

㉡ Var roseasuperra, Hort : 겹으로 피는 붉은 꽃

㉢ Var rietala, Hort : 홑꽃의 붉고 흰 무늬가 있으며 진한 향기를 풍긴다.

㉣ Var papaveracea, Andr : 꽃잎이 특히 얇고 가운데가 붉으며 흰색도

있다.

ⓜ Var Banksii, Ardl : 꽃이 크게 피며 붉은 겹꽃

② 수성에 의한 분류

㉠ **목목단 :** 지상부가 완전한 목질이다.

현재 우리나라 재배 품종이 여기에 해당한다.

㉡ **초목단 :** 지상부의 기부만 약간의 목질이 보인다. 봄에 자라난 신초는 늦가을부터 말라 죽는다.

㉢ **반초목단 :** 목목단과 초목단의 중간형.

약용을 목적으로 할 때는 목목단을 재배한다. 기타의 다른 품종도 약용 가능하나 뿌리의 수량이 적고 품질도 나빠서 재배 가치가 없다.

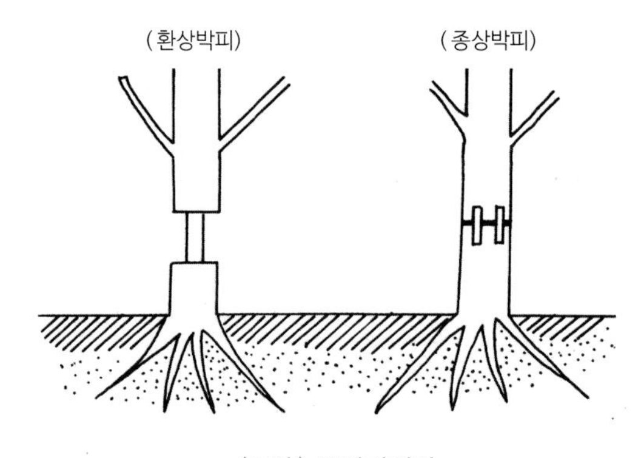

〈그림1〉 목단박피법

3) 목단의 싹이 많이 생기도록 하는 방법

㉠ 봄이 되면 3~4년 이상 된 주지의 잘라주기를 한다.

㉡ 지상 30~60cm 높이의 주지에 그림과 같이 종상박피를 하거나 환상박피를 하여 지상부의 생장을 억제하고 뿌리 부분에 생장력을 집중시켜 싹이 많이 나도록 한다.

㉢ 가을에 잎이 떨어진 후 지상의 주지 잘라주기를 한다.

㉣ 포기 주위를 넓게 파고 퇴비, 깻묵, 닭똥 등 유기질비료로 웃거름을 준다.

4) 번식

포기나누기, 접붙이기와 씨앗번식 등이 있으나 주로 포기나누기로 번식한다.

·**포기나누기 :** 9월 하순~10월 중순이 적기이다.

방법 : 모주의 뿌리 부근에 발생하는 포기싹눈을 〈그림2〉와 같이 나누어 심거나, 수확 후 굵은 뿌리를 잘라내고 남은 묘두가 충실하면 2~3개의 눈이 붙은 것을 잘 쪼개어 자른 곳에 세레산석회를 묻혀서 심는다.

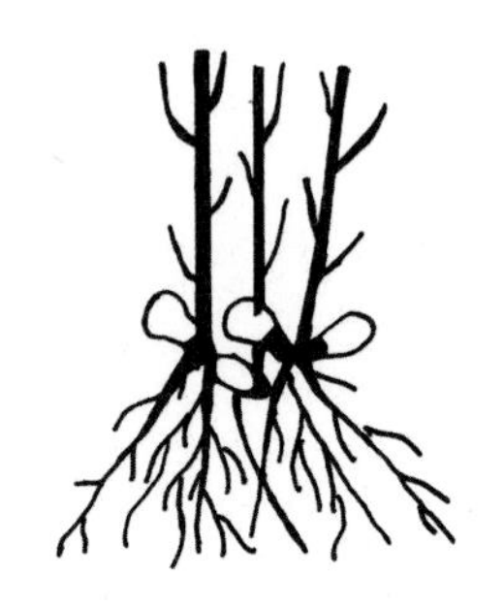

〈그림2〉 목단 포기 나누기

·**접붙이기 :** 시기는 9월 상순경이 좋다.

접붙이는 시기는 다소 이른 것이 좋다. 늦어지면 활착율이 떨어지기 때문이다. 목단과 작약은 접붙이기 시기에도 뿌리부분은 계속하여 성장하지만, 지상부의 가지는 점차 휴면기로 접어든다.

만약 접순이 완전한 휴면기에 들면 접붙이기 후 접합이 잘 되지 않는다. 또한 봄이나 8월 등 생육이 왕성할 때에는 접순의 수세가 강해져서 바탕나무와 친화력이 약하여 접붙이기가 잘 되지 않기 때문에 접붙이는 시기를 잘 골라야 한다.

·**바탕나무와 접순 :** 바탕나무는 공대라 하여 목단 뿌리에 목단의 접순을 접붙이기하는 것을 말하며, 작약대란 작약뿌리를 바탕나무로 하여 목단을 접붙이기하는 것을 말한다. 그러나 목단 바탕나무보다 작약 바탕나무가 추위나 병해에 강하고 뿌리의 발육이 왕성하기 때문에 접붙이기 번식은 작약뿌리를 이용하는 것이 좋다.

작약 바탕나무나 목단 바탕나무는 모주에서 잘라 낸 뿌리를 이용하거나 씨앗으로 번식할 것을 사용하는 것이 가장 좋다. 이때 씨앗으로 번식한 모는 파종 후 2년생 뿌리로서 크기는 접붙이기 할 모의 둘레보다 1.2cm 이상 큰 것이 적당하다.

그러나 모주에서 분근하여 바탕나무로 사용하는 것은 당년에 생육한 새로운 뿌리로서 무병하고 건실한 것이어야 한다.

뿌리가 긴 것은 굵기에 따라 다르지만, 일반적으로 15cm 정도로 끊어 사용하는 것이 좋다.

접순은 원하는 꽃 모양과 색깔에 따라 마음대로 골라 할 수 있으므로 원하는 구입조건 및 기호도에 따라 결정한다.

접순은 여러 해 동안 자란 가지에서 꽃이 피었던 가지나 발육지를 채취하는데 가지가 충실하고 병충해의 피해를 입지 않은 것을 골라 채취한다.

한편 도장지나 가지의 자람세가 너무 강하며 바탕나무 크기보다 더 큰 접순은 이용하지 않는 것이 좋다. 그리고 접순에는 꽃눈보다 잎눈이 붙어 있는 것이 좋다.

·**접붙이기 방법 :** 접붙이기 전에 유의할 것은 사용할 용구를 정비하고 잘 드는 접붙이기 칼을 쓰는 것이다. 사용할 접순과 바탕나무는 마르지 않도록 덮어 놓고 필요할 때만 꺼내 쓴다. 될 수 있으면 실내에서 접붙이기를 하고, 접붙이기 방법은 주로 활접으로 한다.

접붙이기할 때는 접순에 있는 1~2개의 눈을 4~5cm 정도로 잘라서 접순의 밑부분이 20~30° 정도의 각이 되도록 단번에 깎아 내린다. 반대쪽도 약간 깎아서 바로 입에 물고 바탕나무를 처리한다.

바탕나무의 접붙이기 할 곳을 깊이 약 2~3cm 정도로 깎아 내린다.

바탕나무를 처리하면 접순을 바로 바탕나무의 깎인 부면에 꽂아서 바탕나무와 접순의 형성층을 잘 접합시켜 그 다음 고정한다. 빗물이 들어가지 않도록 비닐을 씌우고 비닐끈으로 가볍게 묶어 준다. 묶은 주위에 황토를 반죽하여 증발면을 흙칠하기도 하는데 목단과 작약의 뿌리와 가지에는 탄닌산이 있어서 쇠칼로 깎으면 산화철이 되어 피막이 생길 수 있다. 이로 인해 접합이 실패할 수도 있으니 될 수 있으면 작업을 빨리하여 접합이 성공리에 끝나도록 주의한다.

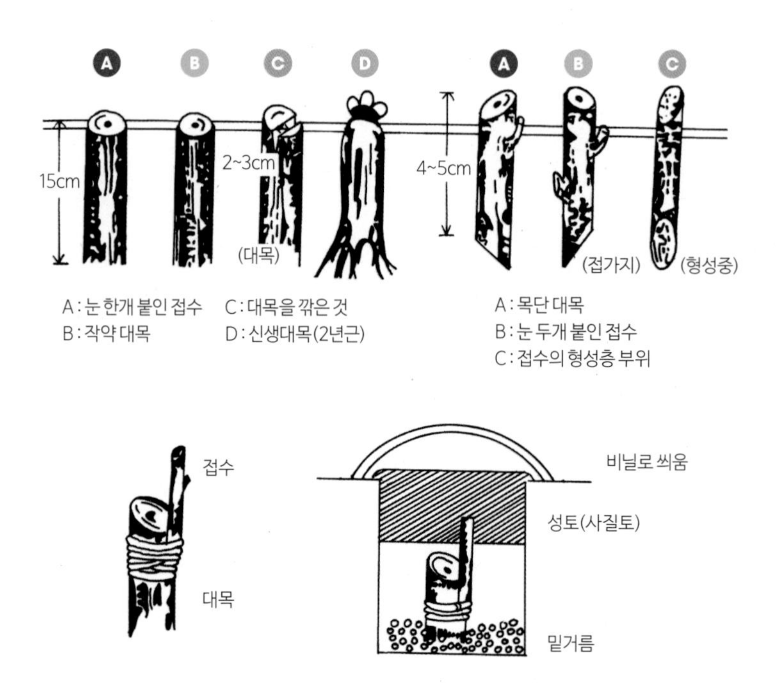

〈그림3〉 목단 접붙이기 방법

·**씨앗번식** : 작약 씨앗번식 참조.

5) 아주심기

① 시기

목단의 아주심기 시기는 지방에 따라 다소 차이가 있으니 9월 중·하순경이 적기이다. 추운 지방일수록 빨리 심는 것이 유리하다.

② 재식거리

이랑나비는 90cm, 포기사이는 60cm가 되게 〈그림4〉와 같이 심는다. 심을 구덩이나 골을 20cm 깊이로 파서 바르게 종묘를 놓는 얕게 다음 흙을 덮는다.

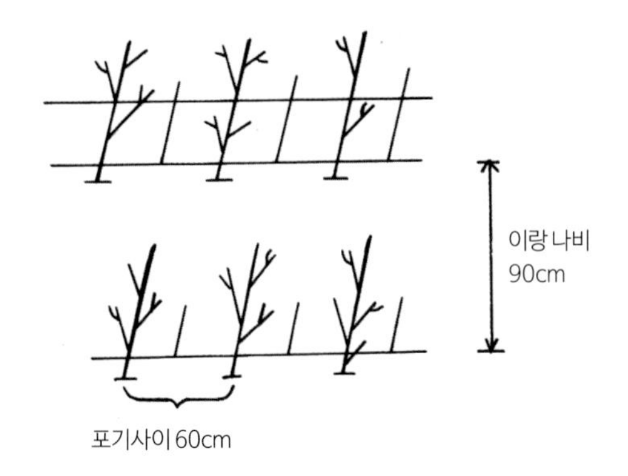

〈그림4〉 목단 심는 방법

③ 거름주기

밑거름을 주고 땅고르기를 한 다음 심는다. 웃거름으로 인분뇨를 줄 때는 심은 뒤에 한 번 주고 다음 해 봄에 반쯤 물에 묽게 타서 또 한 번, 마지막으로 꽃이 진 뒤에 3~4배의 물에 타서 주면 생육에 좋다. 목단에 거름을 줄 때 유의할 점은 봄에는 농도를 묽게 해서 주고 가을에는 다소 짙게 해서 주어야 한다는 점이다. 인분뇨같은 유기질비료는 푹 썩혀서 주어야 한다.

<표1> 목단의 시비량 (kg/10α)

구분 / 종류	시비량	비고
퇴비	1,200	밑거름
용성인비	45	〃
깻묵류	200	〃
닭똥	200	〃
인분뇨	750	웃거름

6) 병충해 방제

① 병해

Ⓐ 보토리티스병(Botrities)

이른 봄 새싹이 날 때 연한 줄기와 잎을 침해한다. 새싹이 트고 나면 6-6식 보르도액을 뿌려 준다.

여름철 자주 발생하는 윤문병 방지를 위해 그후에도 몇 차례씩 계속 뿌려 주는 것이 좋다.

Ⓑ 백견병

줄기의 지상 접촉부를 상하게 하며 그 주위의 흙에 백색의 균사를 퍼트린다. 갈색의 균핵을 주로 형성하기도 한다.

피해가 심하면 뽑아서 불태우고 발병 초기에는 석회유황합제 20배액에 5분간 담가 두었다가 다시 심는다.

Ⓒ 흰빛날개무늬병

지상부에는 아무런 병무늬도 나타나지 않지만, 포기 전체가 활력이 없어 보이다가 잎이 황색으로 변하고 말라 죽는다.

뿌리에 백색의 실뭉치 같은 것이 있으며 주근이나 근모의 부분은 검게 썩는다. 묘목을 심을 때 건전주를 심어야 예방할 수 있다. 병에 걸린 포기는 뽑아서 불태우고 부근의 흙도 함께 파서 처리한다.

토양으로의 전염이 심하므로 크로로피크린을 1m^3당 60cc 씩 관주 소독한다.

Ⓓ 녹병

개화 직후 잎에서부터 시작해 잎 뒷면에 황색의 작은 점이 생겼다가 점점 원형으로 커진다. 표면은 광택이 있는 자갈색을 띠며, 뒷면은 담갈색이 되었다가 나중에는 윤문이 되어 가운데가 담갈색이 된다. 신초에 생겼을 때도 같은 증상이 나타난다.

피해를 입은 잎은 불사르고 꽃이 지고 나면 6-6식 보르도액이나 다이센엠-45 또는 오소사이드 등을 뿌려 준다.

② 충해

Ⓐ 깍지벌레

가지에 주로 피해를 입히는 벌레로서 3월 하순에 석회유황합제 7~8배액(보메5도)을, 11월 하순에는 기계유유제(95%)의 19배액을 뿌려준다.

Ⓑ 선충류

요즘 들어 뿌리혹선충의 피해가 특히 심하므로 아주심기 전에 반드시 고시된 선충 전용 약제로 토양을 소독하고 심는 것이 안전하다. 특히 접붙이기할 때의 바탕나무는 선충의 피해가 없는 것을 택하는 것이 중요하다.

7) 수확 및 조제

① 수확

포기나누기를 해 심은 것은 3~4년 만에 수확할 수 있으나, 씨앗으로 번식한 것은 4~5년이 지나야 수확이 가능하다. 수확 적기는 9월 중·하순 아주심기 시기로 뿌리를 캐는 방법은 형편에 따라 일시에 전부 캐는 방법과 부분적으로 캐는 방법으로 나뉜다. 캐낸 포기에서 굵은 뿌리는 잘라서 약재로 조제하고 잔뿌리가 붙은 포기는 포기나누기를 해 다시 심는다.

② 조제

잘라낸 뿌리는 물에 깨끗이 씻어 대칼이나 딱딱한 플라스틱 솔로 문질러 껍질을 벗기고 뿌리를 5cm 내외로 끊어서 심(목질부)을 빼낸다. 낮에는 햇빛에 말리고, 저녁이나 비가 올 때는 따뜻한 온돌방이나 건조실에서 화력 건조를 이용해 가능한 한 빨리 말린다. 말리는 데 오랜 시일이 걸리거나 비 또는 이슬에 맞게 되면 조제품의 품질이 떨어져 결과적으로 생산자가 손해를 보게 된다. 아주심기 후 3~4년생의 10a당 수확량은 생뿌리로 2,500~3,000kg 정도이고 마른뿌리로는 1,000~1,200kg 내외이다.
목단 뿌리의 건조비율은 40% 정도이다.

10 지황

영명
Rehmanniae Rhizoma

학명
Rehmannia glutinosa Liboschitz ex Fisher et MEYER

과명
현삼과 Rhinanthaceae

01 성분 및 용도

① 성분

뿌리에 만닛트(Mannit) 당을 함유하고 있다.

② 용도

보혈, 강장, 진정, 빈혈, 토혈, 하혈, 자궁출혈 등에 쓰이며, 결핵성 쇠약에 효과가 있다.

③ 처방(예)

사물탕, 십전대보탕, 삼물황금탕 등 중요 처방에 이용된다.

④ 방약합편(황도연 원저)

생건 지황은 성량하다. 한열을 물리치고 심과 담의 혈허 및 폐토혈을 멎게 한다.

02 모양

중국이 원산지로, 우리나라 각지에서도 재배하고 있는 다년초다. 전체에 짧은 털이 있며 뿌리는 굵고 옆으로 뻗어가는 형태로 감빛이 난다. 뿌리에서 나온 잎은 총생하며 긴 타원형으로 가장자리에 둔한 톱니가 있고 표면에 주름이 있으며 뒷면에 맥이 튀어 나와 그물처럼 보인다.

화경은 높이 15~18cm로서 밑부분에 잎이 엉겨 붙었고 윗부분에는 잎처럼 생긴 포가 생긴다.

꽃은 6~7월 화경 끝에 총상으로 달린다. 꽃받침은 끝이 5개로 갈라지고 화관은 통형이며 홍자색으로서 끝은 퍼져서 5개로 갈라진다. 수술은 4개이며, 그중 2개만 길다.

원대, 꽃대, 꽃받침 및 화관에 선모가 많다.

03 재배기술

재배력

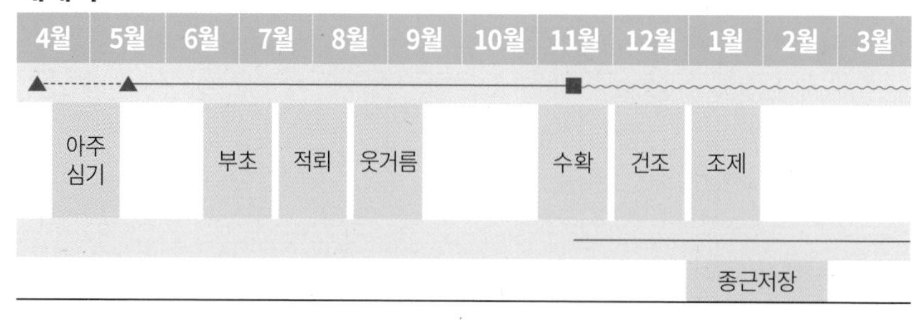

1) 적지

① 기후

우리나라 중부지방에서도 월동이 가능한, 추위에 강한 작물이다. 동남으로 경사진 땅이 좋으며, 따뜻하고 건조하며 햇빛이 잘 쬐이고 통풍이 잘 되는 곳이 적당하다.

② 토질

식질양토 또는 사질양토가 가장 적합하다. 유기질이 많고 표토 밑에 자갈 또는 단단한 흙이 받쳐 있는 땅에서 뿌리의 발육이 좋다.

※ 습기가 많거나 배수가 불량하고 일조가 부족한 곳에서는 뿌리가 썩거나 품질이 떨어지며, 특히 연작하면 수량감소 및 병충해 발생이 심하다.

2) 품종

우리나라에서 나는 지황의 종류는 많으나 그중, 농촌진흥청에서 각 지방 재래종을 수집하여 다수성 검정시험 결과 "진주"종과 "삼척"종 등으로 구분 가능하다. 이 두 가지 품종의 특성은 아래와 같다.

<표1> 특성 및 수량조사

공시계통	출현기	엽형	엽색	엽장	엽폭	엽수	근색	근장	근경	10α당		건근중지수	건조비율
										생근중	건근중		
				cm	cm	매		cm	mm	kg	kg	%	%
진주	6.11	중타원형	농록	15	5	9	진황	13	11	425	94	140	22.1
삼척	6.14	타원형	농록	20	8	10	진황	11	9	340	81	120	23.8

3) 번식

분근과 종자로써 번식할 수 있으나 주로 분근법으로 번식한다. 종자번식은 특별한 품종개량을 위해서만 적용한다.

① 분근법

병이 없고 발육이 좋은 포기를 골라서 큰 뿌리는 약재로 쓴다. 종근에 적합한 굵기는 6mm 정도이며 이것보다 너무 큰 것은 꽃대가 생기므로 나쁘고, 가늘고 작은 것은 뿌리 발육이 늦어 약재로 적합하지 않다. 시험재배 결과 종근의 직경이 1cm 이상 되는 것은 40% 이상 추대한 것을 알 수 있었으며, 꽃대가 생기는 큰 뿌리를 심는 것보다 작은 뿌리(6mm정도)가 오히려 생육이 좋고 수확량이 많았다. 씨뿌리의 길이는 6cm 되게 손으로 끊어서 심는다.

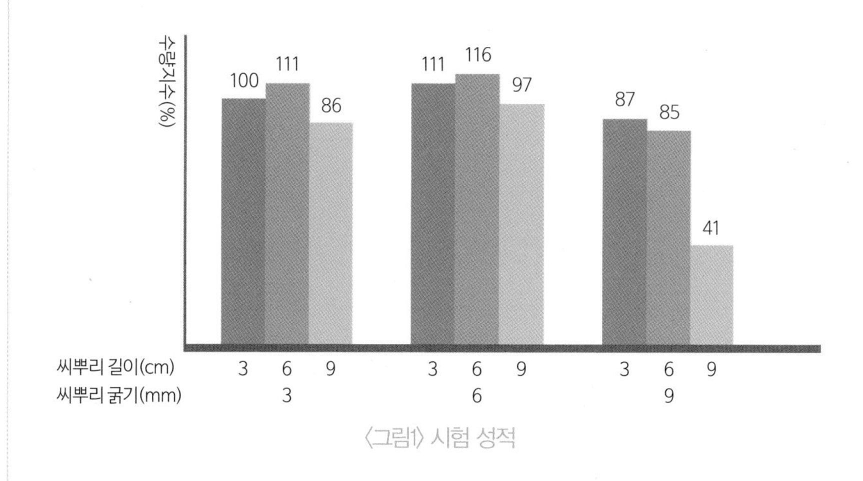

〈그림1〉 시험 성적

4) 아주심기

① 시기

4월 중순~5월 중순 사이가 아주심기의 적기다. 지황의 발아는 약 한 달 정도 걸리므로 될 수 있으면 일찍 심는 것이 좋다. 이 시기보다 늦게 종근을 심게 되면 기온보다 지온이 높기 때문에 발아보다 뿌리가 자라는 속도가 빨라서 종근의 저장물질이 새 뿌리가 자라는데 먼저 소모되어 주근, 측근이 몇 개 생긴 후에 많은 잔뿌리가 뻗게 되고 뻗는 동안 기온이 높아짐에 따라 비로소 발아하기 때문이다.

그러므로 일찍 심으면 생육기간이 길고 따라서 많은 잔뿌리가 발육되어 있어 땅 속의 양분 흡수가 왕성해지고 지상부의 잎이 자라기 전에 뿌리가 먼저 발육하게 되어 뿌리의 수량이 많지는 장점이 있다.

② 재식거리

이랑나비는 15cm, 포기사이는 10~12cm로 심는다.

또 다른 재식 방법으로 종근을 사방 18cm 정도 사이를 두고 심는 것으로 이 방법은 잎이 자라 우거진 후 비로 인한 흙물이 잎에 묻지 않아 좋다. 지황은 맑은 날이 계속 될 때 심는데, 매간작으로 할 때는 미리 60~70cm의 이랑을 만들어서 포기사이가12~15cm 정도로 해 2줄 심기를 하는 방법도 있다. 10α 당 종근의 소요량은 60kg 정도다.

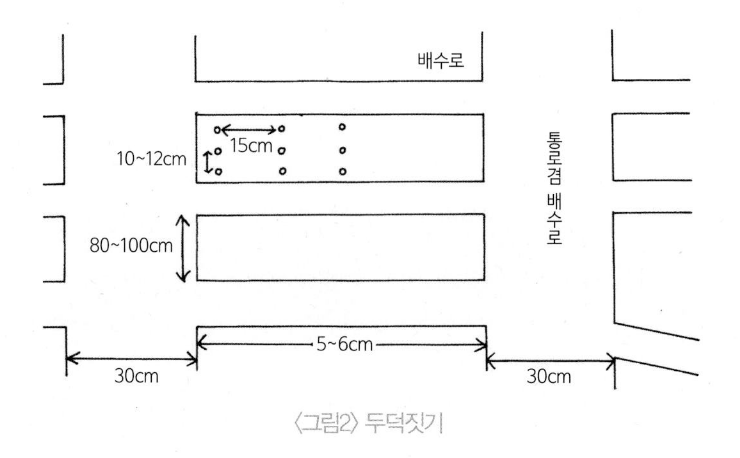

〈그림2〉 두덕짓기

③ 비료

<표2> 지황의 시비량 (kg/10α)

종류 \ 구분	전량	밑거름	웃걸음
퇴비	1,100	1,100	-
용과린 또는 용성인비	37	37	-
깻묵류	57	27	30
재거름	57	57	-
인분뇨	1,100	-	1,100

지황은 다비재배로서 질소 칼라의 효과가 크다.

※ **웃거름 주는 시기 :** 9월 상순~10월 하순에 걸쳐 2~3회 시용한다.

5) 주요관리

㉠ **비닐피복 :** 지황은 노지재배를 하면 발아에 약 30일 정도 걸리고 발아율도 떨어진다. 그러므로 종근을 심고 바로 비닐을 덮어 주어야 한다. 비닐을 덮어 주면 대부분 20일 후 발아가 된다. 그때 비닐을 벗기고 1차로 잡초를 제거한다.

㉡ 잎이 자라면 뿌리 부근을 북돋아 주고 짚이나 풀을 고랑사이에 깔아준다.

㉢ **김매기 :** 2~3회 실시

㉣ 모든 작업시 뿌리 근처를 밟지 않도록 최대한 조심해야 한다.

6) 병충해 방제

① 뿌리썩음병

8~9월 경 고온다습할 때 발생이 심하다.

·방제법

㉠ 발병한 것은 뽑아 태워 버린다.

㉡ 토양은 나무재 또는 석회로 소독한다.

㉢ 질소비료의 과용을 주의하고, 연작을 하지 않도록 한다.

㉣ 약재 방제로 살균제 모두나, 안트라콜, 다코닐 등을 주기적으로 살포하면효과적이다.

② 충해

Ⓐ 거세미

5월 하순~6일 중순 사이에 지오렉스분제를 2회 정도 뿌려 주면 좋다.

Ⓑ 청벌레

피해 포장에는 디디브이피(DDVP)와 리콥트 유제를 살포한다.

7) 수확 및 조제

① 수확

10월 중순~11월 중순 사이가 적당하다.

※ 남부지방은 봄 발아 전에 수확이 가능하다. 이때 수확한 지황은 품질이 떨어지고 건조작업도 불편하다.

10a 당 수량은 생근으로 1,200kg 정도이고 건근으로 300kg 내외이다.

② 조제

Ⓐ 건지황

물에 씻어 딱딱한 플라스틱 솔로 문지른 후 대칼로 껍질을 벗긴다. 껍질을 벗긴 것을 햇빛에 말린다.

Ⓑ 숙지황

건지황에 질이 좋은 약주를 고르게 뿌려서 떡시루와 같은 원리의 기계에 수증기로 쪄서 약간 말리고 이와 같은 과정을 9번 반복 한 것을 숙지황이라고 하는데 고가의 우량약재로 평가 받는다.

11 택사

영명
Alismatis Rhizoma

학명
Alisma plantage L.Var.Parviflorum Torr

과명
택사과 Alismataceae

+ 약용부위 괴근

01 성분 및 용도

① 성분

Alisol, Monoacetate, Epalisol, 등을 함유하고 있다.

② 용도

이뇨, 지갈, 위내정수, 수종, 현기, 구갈에 쓰인다.

③ 처방(예)

택사탕, 오령산, 복령택사탕, 저령탕 등의 처방에 쓰인다.

④ 방약합편(황도연 원저)

미고 성한하나 종갈을 다스리며 제습 통림하고 음한을 막는다.

02 모양

습지에 자라는 다년초로서 근경이 짧고 수염뿌리가 많다. 잎은 뿌리에서 총생하며 밑부분이 넓어져서 서로 감싸는 엽병 모양이다. 이 엽병의 길이는 15~20cm이며 엽신은 피침형 또는 넓은 피침형으로 가장자리가 밋밋하고 길이가 10~30cm, 넓이가 1~4cm이다. 양면에 털이 없고 5~7개의 평행맥이 있으며 7월이 되면 흰색 꽃이 핀다. 화경은 잎 중앙에서 나오며 길이는 40~130cm로 많은 꽃이 윤상으로 달리고 마디에 포가 있다.

꽃에 소화경이 있고 꽃잎과 꽃받침 잎은 3개, 수술은 6개다. 꽃밥은 연한 녹색이지만 꽃가루는 노란색이다. 암술이 많고 암술대가 씨방보다는 짧다.

수과는 환상으로 달리며 편평하고 뒷면에는 1개의 깊은 골이 파졌다.

03 재배기술

재배력

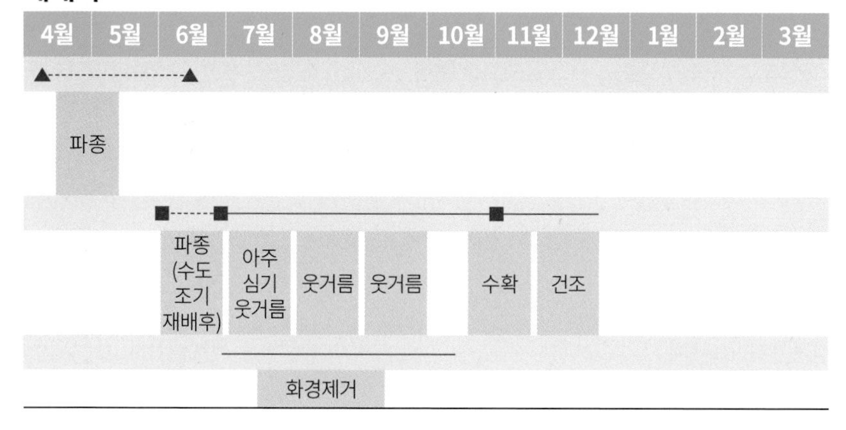

1) 적지

① 기후

우리나라 전역에서 재배가능하며 수도 조기재 배후작으로 할 경우는 남부의 따뜻한 지방에서 재배하는 것이 좋다.

② 토질

사질양토, 식질양토로서 부식질이 많은 곳에서 잘 된다.

※ 너무 비옥한 땅에 재배해서 잎과 줄기만 무성하며 근경의 생육이 더디다.

택사재배의 경우 특히 중요한 것은 관배수가 자유로이 이루어질 수 있는가의 유무로 생육기의 수분부족은 치명적이기 때문이다. 또한 수확 시기에도 배수가 되지 않는 습지 같은 곳에서는 많은 품이 들기 때문에 재배지 선정이 중요하다.

2) 번식

종자로써 한다.

3) 육모

① 모판 만들기 및 파종

모판은 동남향의 따듯하고 햇빛이 잘 들며 통풍이 원활한 곳이 좋다. 폭 1m의 단책형모판을 만들고, 주변에 30cm 정도의 통로 겸 배수로를 만든다. 건묘를 육성하려면 자유롭게 관배수를 할 수 있고 물을 돌려 댈 수 있어야 하기 때문에 배수로의 역할이 중요하다.

택사는 물의 온도가 낮으면 잘 자라지 못하므로 물의 온도를 수시로 확인하고 지온을 높여 주어야 한다.

Ⓐ 파종시기

4월 상순과 6월 상순 2회 가능하다.

벼를 조기재배하고 후작으로 택사를 재배할 때는 6월 상순에 파종한다.

Ⓑ 파종량

본포 10a당 모판면적은 66~72㎡(20~22평)가 적당하고 파종량은 흩뿌림하는 경우 0.5~0.7ℓ가 적당하다. 파종량이 너무 많으면 배게 되어 도장묘가 되고 솎음할 때 손이 많이 간다.

Ⓒ 모판 비료

모판 비료의 경우 삼요소를 같은 비율로 섞은 유한 복합 비료를 땅을 갈기 전에 전층 시비하는 것이 좋다. 퇴비류는 사용하지 않는다. 파종 10일 전에 3.3㎡(1평)당 600~700g가량 전체 시비한다.

Ⓓ 파종방법

종자는 약 10배 정도의 약간 습기가 있는 세사와 섞어서 하루이틀 정도 두고 모판을 만들고 잘 골라 물을 뺀 후 아침 일찍 바람이 불지 않을 때 고르게 파종한다.

2~3일 지나서 물을 대고 고랑에서 흙탕물을 일으켜 종자 위로 복토 대신 벌물이 덮이도록 한 후 물을 또 빼 준다.

Ⓔ **발아까지의 관리**

파종 후 2일간 그대로 두었다가 3일째부터 밤에만 통로에 물을 넣고 물이 상면까지 올라가지 않게 하며, 낮에는 배수한다. 이렇게 6~7일간 하면 싹트기 시작하여 10일이면 완전히 발아한다.

Ⓕ **발아 후의 관리**

발아 후 바로 밤에 물을 주고, 낮에는 배수한다. 모가 어느 정도 자라면 상면에 얕게 물을 대는데, 상면에서부터 3~4cm 깊이가 되도록 한다.

수시로 제초를 해 잡초를 뽑아 준다. 생육상태가 극도로 부진한 경우를 제외하고 웃거름은 주지 않는 것이 좋다. 비료를 과하게 주면 오히려 좋지 않다. 파종 후 45~55일이 경과하면 초장은 10~15cm, 본엽은 10~12매가 되어 이식에 알맞은 모로 자란다. 모판에서의 2년생 모는 근경의 비대가 좋지 않으므로 쓰지 않는다. 웃거름을 과용한 모나, 모판에서의 생육기간이 너무 짧은 모를 이식하게 되면 생육이 나쁘고 수량이 떨어지기 때문이다.

4) 아주심기

① 본포의 준비

수도의 이양 시와 같이 논을 갈아서 고른다. 밑거름으로 퇴비 같은 유기물을 많이 주고 심층 시용을 위해 땅을 갈기 전 시용한다.

택사는 내비성이 강해 다비재배가 가능하나 과용하면 각종 문제가 일어나기 쉬우므로 여러 차례에 나누어 분시하는 것이 좋다.

<표1> 택사의 시비량 (kg/10α)

구분 / 종류	시용량	비고
퇴비	1,200	밑거름
깻묵	56	〃
초목회	75	〃
용성인비	23	웃거름(착근후 2주일 내외)

② 심는 방법

본포는 땅고르기를 잘 한 후, 모는 세근이 많이 잘라지지 않게 정성 들여 뽑아 1주 1본씩 심는다. 모는 뽑은 그날 전부 심도록 한다. 심을 때는 모가 넘어가지 않을 정도로 얕게 심는다.

모를 논에 꽂을 때 세근이 구부러져 들어가지 않도록 주의한다.

③ 재식거리

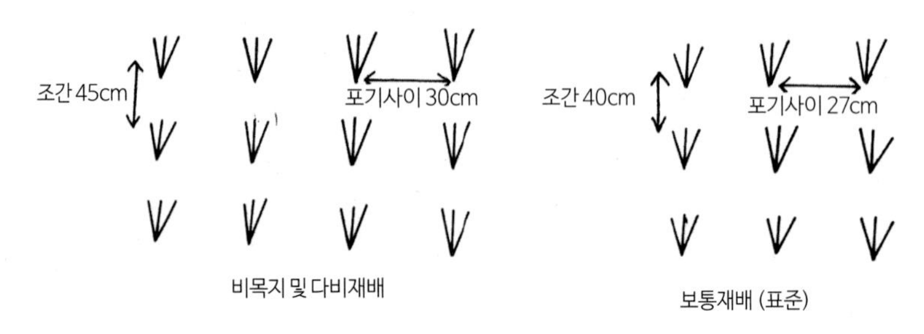

〈그림1〉 택사의 재식거리

④ 아주심기시기

파종 후 45~55일 경의 6월 상·중순이다.

⑤ 심을 때 유의사항

아주심기할 때는 본포의 물을 얕게 하여 모가 수중에 잠기거나 반대로 물 위에 떠오르지 않도록 주의한다.

모는 활착이 잘 돼 쓰러진 모도 세근만 흙 속에 심겨 있으면 바로 일어난다. 따라서 심을 때 뿌리가 본포에 잘 심기도록 유의한다.

5) 주요관리

① 관수

아주심기 후 우선 쓰러진 모를 세우고 얕게 물을 넣는다. 낮에는 물을 빼고, 밤에는 물대기를 계속하면 새로운 잎이 나오면서 포기도 옆으로 퍼진다.

② 중경, 제초

7월 중순 이후부터 더워지면 생육의 속도가 급격히 빨라져 8월 상·중순에는 잎이 무성해질 정도로 자란다. 그때가 되면 흙이 보이지 않아 제초가 힘들어지므로 그 전에 제초 및 중경을 한다.

제초작업은 처음에 손으로 하고, 중경은 2회 정도 제초기로 한다. 제초작업으로 위에 깔려 있는 뿌리가 잘려 나가면서 잔뿌리의 생장이 활발해져 근경의 비대가 잘 이뤄진다.

③ 화경제거

포기가 무성해지면 화경이 생기면서 바로 개화한다. 화경이 굳기 전에 뿌리 가까이에서 잘라 주어 꽃이 피지 않게 해야 수량이 많고 품질도 좋다. 화경을 잘라 주는 시기가 늦어지면 줄기가 굳어져서 전정가위 같은 것으로 잘라야 되므로 키가 20~25cm정도 자랐을 때 화경이 자란 곳을 잘라 주는데, 화경을 잘라 주지 않으면 추대 개화에 양분소모가 많아 뿌리가 잘 자라지 않는다.

〈그림2〉 화경 잘라 주기

6) 병충해 방제

① 병해

반점이 생기는 갈반병이 발생한다. 반점이 차츰 심해지면 줄기와 잎 전체에 퍼지면서 고사한다. 밀식하였을 때, 즉 통풍 및 햇빛을 잘 쬐이지 못하고 질소질 비료를 과용했을 때 또는 연작이 원인이 돼 발생한다.
6-6식 보르도액을 10일 간격으로 2~3회 살포하면 구제된다.

② 충해

한여름 화경이 많이 나올 때 진딧물이 발생해서 연한 줄기와 잎 뒤에 붙어 피해를 입힌다. 살충제로서 메타시스톡스, 피리모 등을 뿌려 주면 쉽게 구제할 수 있다.

7) 수확 및 조제

① 수확

수확시기는 경엽이 시든 11월 상·중순부터 가능하다. 먼저 근경을 캐는데 많은 노력과 시간이 필요하기 때문에 다음 해 봄에 싹이 나오기 전까지 하면 된다.
캘 때는 먼저 물을 빼고 논을 말린 다음 포기 주위를 낫으로 돌려 베어낸 후 흙이 붙은 그대로 뽑는다.

② 조제 및 건조

우리나라와 중국에서는 근경을 물에 씻어 경엽을 제거하고 7일 정도 햇빛에 건조해서 약간 마른 것을 칼로 표피 및 세근을 깎은 뒤 멍석을 널어 햇빛에 완전히 말리는데, 이 방법으로 조제하면 색도 희고 결질로서 품질 또한 우수하다.
일본에서는 캔 뿌리는 흙을 털고 경엽, 세근을 짧게 자르고 통에 넣어 소량의 물과 세사를 혼합나무로 회전시킨 후 표피를 제거하고 햇빛에 말리는 방법을 쓴다.
조제품은 순백색으로 단단한 것이 좋으므로 말릴 때 습기가 적고 바람이 많이 부는 곳에서 말린다. 수량은 10α당 생중량으로 500~600kg 정도고, 건조품으로는 150~180kg가량 된다. 건조비율은 30% 정도다.

12 맥문동

영명
Liriopes Radix(Tuber)

학명
Liriope graminifolia BAKER

과명
맥문아제비과 Ophiopogonaceae

01 성분 및 용도

① 성분

β-Sitosterol, Glucose가 다량 함유되어 있다.

② 용도

진해, 거담, 해열, 지갈, 완하, 자양강장제로 쓰인다.

③ 처방(예)

맥문동탕, 온경탕, 청심연자음 등

④ 방약합편(황도연 원저)

미감, 성한하다. 허열을 제거하고 청폐, 보심하며 번갈을 없앤다.

02 모양

산과 들의 그늘지고 습한 곳에 자생하는 여러해살이풀이다. 사계절 잎이 푸른 상록성 풀이지만 겨울에는 잎색이 다소 변한다. 잎은 좁고 길며 6~7월경 30cm 내외의 꽃대가 생기며, 총상꽃차례로서 보라색의 꽃이 많이 핀다. 꽃이 진 후 열매를 맺는데 익으면서 색이 녹색에서 검은색으로 변한다. 뿌리 끝에 대추씨 같은 괴근이 많이 붙어 자란다.

03 재배기술

재배력

5월	6월	7월	8월	9월	10월	11월	12월	1월	2월	3월	4월
▲											
아주심기	웃거름		웃거름								
■											
수확											

1) 적지

① 기후

우리나라 전역에서 재배가 가능하나 괴근의 생육은 남부지방의 따뜻한 곳이 좋다. 주산지는 경남 밀양이다.

② 토질

배수가 빠른 사질양토나 부식질양토에 잘 자란다. 너무 비옥한 땅에서는 경엽만 무성하고 괴근이 잘 자라지 않으니, 비옥도가 중간 정도 되는 땅이 가장 좋다. 배수가 나쁘거나 점질토에 재배하면 괴근이 썩고 수확량도 매우 적다.

2) 번식

분주 또는 종자로 번식한다.

① 분주법

번식할 포기는 발육이 좋고 비대 건실하며 괴근이 많이 붙은 것을 선택해야 한다. 수확할 때 괴근은 따고 건실한 포기만을 모아서 뿌리의 길이를 3cm 정도 남긴 후 자른다. 지상부의 잎도 반쯤 잘라 버리고 일단 다발로 흙 속에 저장했다가 본밭에 심을 준비가 되면 심을 때 포기가 큰 것을 3~5포기로 나누어 심는다.

뿌리와 잎을 잘라 주는 이유는 뿌리를 짧게 끊어줌으로써 뿌리의 기부에서 괴근이 크게 되고 건실한 새뿌리가 뻗게 하기 위해서이며, 잎을 남겨 두는 이유도 착근까지의 심한 증발을 억제하기 위해서다. 본밭 10a에서 수확하면 보통 2~3배의 면적에 심을 수 있는 모를 얻을 수 있다.

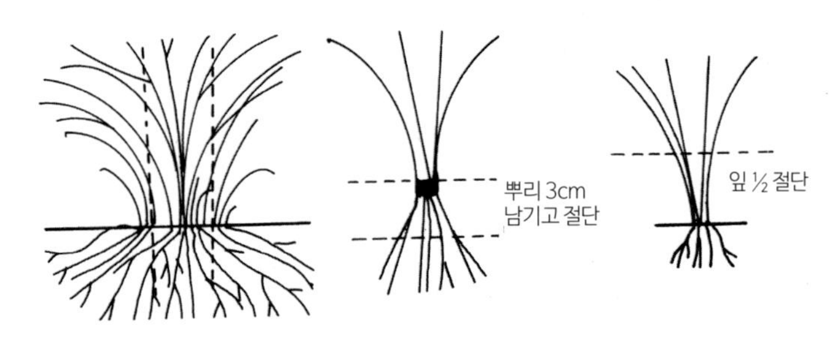

〈그림1〉 맥문동 분주법

② 종자번식법

늦가을에 채종하여 과육을 잘라내고 바람이 통하는 그늘에 1주일 동안 썩지 않도록 모래와 섞어서 저장한다. 반음지의 습한 사질양토를 골라 다음 해 봄에 특별한 모판을 만들 것 없이 12~15cm 간격으로 골을 치고 좀 배게 줄뿌림한다. 파종 후 2~3개월 정도 지나서 발아하면 모판에서 1년 동안 비배관리를 한 후에 본포에 아주심기한다.

3) 아주심기

① 시기

5월 중·하순

② 재식거리

그림과 같이 4방 12~13cm 간격으로 심는다.

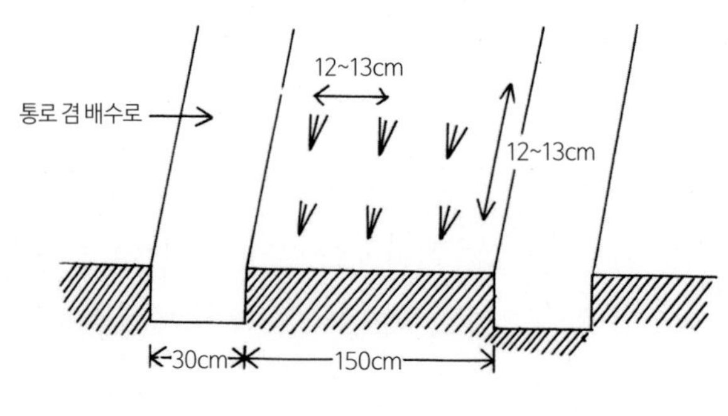

〈그림1〉 두덕짓기 및 심기

③ 거름주기

맥문동은 내비성이 강해 인산, 칼리비료를 많이 주는 것이 괴근의 성장과 수확량에 도움이 된다.

심을 때 밑거름으로 잘 썩은 퇴비, 닭똥을 주고 깻묵은 7월 중 비 오기 직전에 잘 썩은 것을 골을 얕게 치고 주는 것이 좋다.

9월 상순경 비 오기 직전에 초목회를 포기사이 전면에 뿌려 주면 칼리성분의 흡수가 빨라서 괴근의 성장에 좋다.

<표1> 맥문동시비량 (kg/10α)

구분 / 종류	전량	밑거름	웃거름	
			1회(7월중)	2회(9월중)
퇴비	750	750	-	-
깻묵	188	-	188	-
닭똥	188	180	-	-
초목회	563	-	-	563

4) 주요관리

아주심기 후 수시로 중경, 제초를 해 주어야 하며 작업 시에는 가능한 포기 밑을 밟지 않는 것이 좋다. 혼작했을 경우에는 8~9월 경에 다른 작물의 수확이 끝나는 대로 지상물을 걷어 주고 9월 상순 경 초목회를 시용한다.

5) 병충해 방제

병해는 별로 심하지 않으나 밑거름으로 덜 썩은 퇴비를 시용하면 굼벵이가 생겨 뿌리를 해친다. 굼벵이가 생기면 처음에는 잎이 시들며 황색으로 변한 뒤 고사한다. 아주심기하기 전에 10α당 석회질소를 37kg 정도 뿌려 방제하거나 토양 살충제를 뿌려 주면 효과적이다. 피해가 발견되면 포기 주위를 파서 포살한다.

6) 수확 및 조제

맥문동의 수확기는 5월 중순으로 아주심기한 후 1년 만에 수확하는 것이 보통이지만 형편에 따라서 2~3년 만에 캐는 경우도 있다.

수확할 때 사질토양의 경우 잎이 잘 뽑히기도 하지만 표토가 깊어 괴근이 깊이 들어 있는 것은 손으로 뽑다가 끊어지므로 이럴 때는 농기구를 이용하여 수확하여야 한다.

캐낸 것은 흙을 털고 홀태로 훑어서 물에 깨끗이 씻은 후 햇빛에 말린다.

맑은 날씨에 3~4일 정도 말리면 된다.

말린 후 괴근의 잔 뿌리는 멍석에 문질러 떼어 내고 다시 크기에 따라 선별, 저장한다.

수확량은 10a당 건재로서 120~150kg 정도다.

13 반하

영명
Pinelliae Rhizoma

학명
Pinellia ternata Breitenbach

과명
천남성과 Araccae

+ 약용부위 근경

01 성분 및 용도

① 성분
정유, 지방유, 회분중에서 Ca, Mg을 함유하고 있다.

② 용도
진구, 진토, 임신구토, 급성위카타르, 진해, 거담 약으로 쓰인다.

③ 처방(예)
소반하가복령탕, 반하후박탕, 소시호탕 등

④ 방약합편(황도연 원저)
미신하다. 해소, 구토를 멎게 하며, 건비하게 하고, 조, 습, 담, 두통에 쓰인다.

02 모양

밭에서 흔히 자라는 다년초다. 땅 속에 지름이 1cm쯤 되는 근경이 있고 1~2개의 잎이 난다.
엽병의 길이는 10~20cm이며 밑부분 안쪽에 1개의 육아가 달리고 위 끝쪽에 달리는 경우도 있다. 작은 잎이 3개이며 대가 거의 없고 가장자리가 밋밋하다. 길이가 3~12cm, 넓이는 1~5cm로서 달걀모양 타원형에서 긴 타원형을 거쳐 피침형으로 성장하며, 이 밖에도 여러 가지 형태가 있다. 털이 없는 것이 특징이다. 화경은 구경에서 나오며 높이가 20~40cm 이다. 포는 녹색이며 길이는 6~7cm 정도이다. 화서의 경우 밑부분에 암꽃이 달리며 포와 완전히 붙었으나 약간 떨어진 윗부분에서 수꽃이 1cm 내외의 길이로 밀착하고 그 윗부분은 길이가 6~10cm로 길게 자라나 비스듬히 서 있는 모양을 갖는다.
수꽃은 대가 없이 꽃밥만 있으며, 연한 황색이다. 장과는 녹색이며 작다.

반하는 천남성과 식물로 약 2,000종이 주로 열대지방에 자라며 일부 온대지방에서도 자생, 재배되고 있다. 우리나라에 널리 자생하고 있는 반하는 종자 결실은 되지만 각 개체마다 성숙시기가 다르므로 채종이 어렵고 자연 탈립에 의하여 발아되는 것이 많다.

03 재배기술

재배력

구분	3월	4월	5월	6월	7월	8월	9월	10월	11월	12월	1월	2월
1년째	아주심기(봄)							아주심기(봄)				
2년째		웃거름 ①			웃거름 ②			수확				

1) 적지

① 기후

우리나라 전역에 재배할 수 있다 예전에는 농가에서 잡초로 제거하는 데 힘이 들 만큼 생명력이 강한 식물이다.

강한 햇빛이 들지 않는 반음지에서의 재배가 적당하다.

② 토질

아무 곳에서나 잘 자라며 산기슭, 밭, 개간지 등이 재배에 유리한데 특히 이상적인 토양은 배수가 잘 되며 습기가 적당하고 유기질이 많은 비옥한 사질양토로서 표토 아래 작은 자갈이나 단단한 땅이 받치고 있는 곳이 좋다.

2) 품종

우리나라 각 지방의 밭에 자생하는 것을 채집하여 재배용 종근으로 이용한다. 굵은 종근을 대만개량종이라고 선전하거나 천남성을 대 반하라고 팔고 있는 경우가 있으므로 구입할 때 주의한다.
국내에서 새로이 육성한 것은 없다.

〈그림 1〉 반하와 천남성 비교

3) 번식

씨앗과 근경으로 할 수 있으나 반하는 각 개체마다 추대 결실하는 시기가 달라 채종이 어려우므로 근경번식이 좋다.

4) 아주심기

① 시기

가을 10월 상순, 봄 3월 중· 하순

② 재식거리

이랑나비 25~30cm, 포기사이 6~10cm로 심는다.

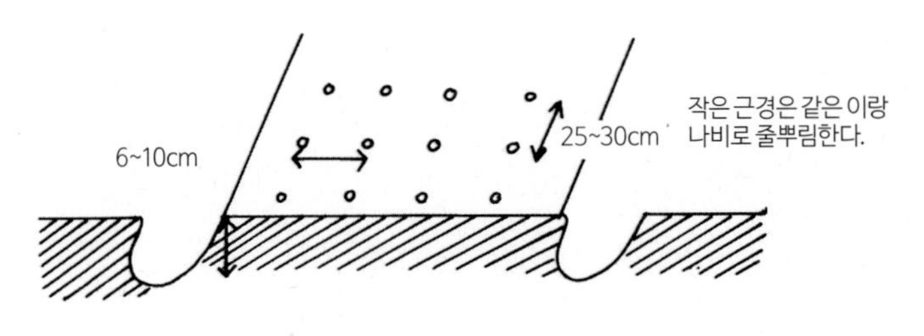

〈그림 2〉 두둑짓기 및 심기

③ 거름주기

반하재배의 성패는 거름주기에 달려 있다.

예전에는 잡초로 취급할 만큼 초성이 매우 강하여 제거하는 데 힘이 들었으나 지금은 점점 줄어들어 멸종위기를 맞고 있다. 이는 화학비료가 그 원인으로 반하는 특히 질소질 단비에 매우 약한데 최근 밭에 화학비료의 시용량이 증가함에 따라 반하가 멸종위기에 처한 것이다. 따라서 반하의 성공적인 재배를 위해서는 유기질비료 사용이 절대 필요하다.

<표1> 반하의 시비량

구분 / 종류	시비량	비고
퇴비	1,000	전량 밑거름으로 시용한다.
깻묵	150	
닭똥	300	

5) 주요관리

① 웃거름

2년째 4월 중·하순과 7월의 2회에 걸쳐 10α당 완숙퇴비 1,000kg을 웃거름으로 분시한다

② 짚 덮어 주기

아주심기 후 흙을 덮고 그 위에 짚을 깔아 주면 발아가 잘 된다.

③ 중경, 제초

반하는 생명력이 강하지만 초장이 작기 때문에 김매기를 하지 않으면 잡초 속에서 생육이 더디게 이뤄지므로 중경을 겸한 김매기 작업을 철저히 한다.

6) 수확 및 조제

반하의 단작 재배시 수확적기는 늦가을 10월 하순~11월 상순으로 지금까지 자생반하 채집기는 여름 보리수확 후 밭갈이할 때와 봄 3월 하순기였다. 수확한 반하는 근경만 따서 깨끗이 씻은 후 큰통에 반하 18ℓ, 모래 2ℓ의 비율로 넣고 소량의 물을 뿌려 20분 정도 막대기로 회전시켜 얇은 겉껍질을 완전히 벗긴다.

껍질을 벗긴 것은 깨끗한 물에 모래가 없도록 씻어서 24시간 정도 맑은 물에 담가 두었다가 멍석에 널어 햇빛에 말린다.

건재는 백분이 생길 정도로 백색이어야 상품이며 갈색이거나 검은색을 띠는 것은 불량품으로 상품가치가 없다. 수확량은 10a당 건조품으로 120~150kg 내외이다.

14 황금

영명
Scutellariae Radix

학명
Scutellaria Baikalensis GEORG

과명
꿀풀과 Lamiceae

+ 약용부위 뿌리

01 성분 및 용도

① 성분

Flavone의 유도체로서 Wogonin, Baicalin을 함유하고 있다.

② 용도

소염해열제에 쓰이며 구토, 복통, 설사, 식욕부진 등에 좋다.

③ 처방(예)

황금탕, 삼물황금탕, 대시호탕, 반하사심탕 등

④ 방약합편(황도연 원저)

미고, 성한하다. 폐화를 사하며 자금은 대장의 습열이 내리는 데 좋다.

02 모양

원산지가 중국이며 예전부터 우리나라에 자생하는 약초로서 전국 각지에서 재배가능한 여러해살이풀이다. 식물 전체에 털이 있고 원대는 네모꼴이다. 한 곳 여러 대가 나오며 키가 60cm 내외까지 자란다. 잎은 마디마다 두 개씩 마주 자라며 가지가 많이 갈라진다. 잎자루의 길이는 2mm 정도이고 양끝이 빠르게 빠지는 피침형으로 가장자리가 밋밋하다.

원대의 잎은 길이 4~5cm, 넓이 8mm로 비교적 넓으나 위로 올라갈수록 작아진다. 꽃은 7~8월에 피며 자주빛이 돌고 원대 끝과 가지 끝에 달린다. 화서에 잎이 있고 각 엽액에 한 개씩 달린다. 꽃받침은 종 모양이며 가장자리가 밋밋한 모양을 가지면서 두 쪽으로 갈라지고 뒤쪽에 돌기가 있다. 꽃통은 길이가 2.5cm 정도로 밑부분이 굽었고 위쪽은 둘로 갈라진다. 뒤의 열편은 투구형이며 겉에 잔털이 있고 측면의 열편과 거의 합쳐져 있다. 열매는 꽃받침 안에 들어 있으며 둥글다. 황금은 비교적 잘 자라고 그 꽃과 모양이 아름다워 화단에 심어 두면 보기도 좋다.

뿌리는 여러 갈래로 갈라지며 노란색을 띠는데, 크기와 굵기가 충실하고 쓴맛이 강한 것이 우량품이다.

03 재배기술

재배력

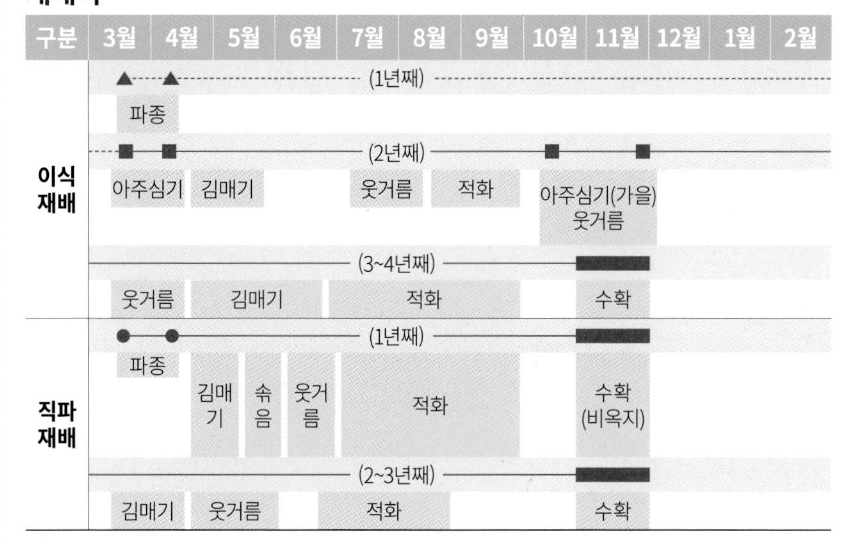

1) 적지

① 기후

우리나라 전역에 재배가능하나 추운지방보다는 따뜻한 중·남부지방에서 재배하는 것이 좋다.

② 토질

유기질이 많고 배수가 잘 되며 햇빛이 잘 들고 적당히 습한 모래참흙 또는 질참흙이 적합하다. 배수가 나쁜 찰흙땅에서는 잘 자라지 않는다. 한번 심으면 수확까지 2~3년 동안 계속해서 재배하게 되므로 수확 후 같은 작물을 이어짓기 하는 것은 수확량을 떨어진다. 따라서 3~4년 돌려짓기를 하는 것이 좋다.

2) 번식

① 실생법

햇빛이 잘 드는 모래참흙을 택하여 땅 고르기를 한다. 본밭 10α당 33~49.5㎡(10~15평)의 단책형 냉상을 만들어 잘 썩은 퇴비, 초목회 등을 밑거름으로 충분히 전면에 시용하고 1.2~1.5m의 두둑을 만들어 흩뿌림하거나 줄뿌림한다. 맥문동의 종자는 짙은 검은 빛이고 광택이 없어야 좋다. 흑백색으로 퇴색한 것은 묵은 종자이니 잘 선별한다. 파종 후 고운 흙이나 부엽토류로 얕게 흙덮기를 하고 그 위에 짚이나 건초로 덮어 주면, 가뭄의 피해나 표토가 굳어짐을 막을 수 있다. 파종량은 33~49.5㎡당 0.4ℓ(2홉) 정도가 적당하고, 발아 후에는 김매기, 솎음, 웃거름주기 등을 한다. 발아 후 10~15cm 정도로 자라면 이식용 모로 쓴다. 가을에 파종하면 3월 하순~4월 상순, 봄에 파종하면 2~3주 후면 발아하므로 기상상태를 보아서 발아가 시작할 때 쯤 덮었던 것을 걷어주어야 한다.

② 포기나누기

가을 수확할 때 포기를 완전히 캐서 근두부에 잔뿌리를 붙인 후 포기나누기를 한다. 남부지방에서는 바로 가을심기가 가능하고 중·북부 지방에서는 땅 속에 묻어 저장했다가 이듬해 봄에 심는다.

③ 꺾꽂이법

5월 중·하순경 줄기를 채취해 15~20cm 길이로 잘라 꺾꽂이한다. 꺾꽂이할 것은 땅으로 들어갈 10cm 정도 부분의 잎을 훑어버리고 땅 속에 꽂아 진압해 준다.

제초, 웃거름을 주어 준 모는 이듬해 봄까지 길러 아주심기용으로 쓴다.

3) 아주심기

아주심기시기는 봄 3월 하순~4월 상순, 가을 10월 하순~11월 하순이 적기이다. 본밭에 밑거름을 전면에 뿌리고 땅고르기를 한다. 땅이 비옥하여

2년근을 목표로 할 때는 이랑나비는 40~50cm, 포기사이는 15~18cm로 한다. 3년근을 목표로 할 때는 이랑나비를 60~65cm, 포기사이를 20~25cm 정도의 간격으로 심는다. 심을 때는 알맞은 재식거리에 심을 구덩이를 만들어 모를 1주 1본씩 놓고 뿌리가 상하지 않도록 흙을 넣고 진압해 준다. 포기 나누기로 근두부를 쪼개서 모로 심을 때는 싹의 위에 약 3cm의 두께로 흙덮기한다.

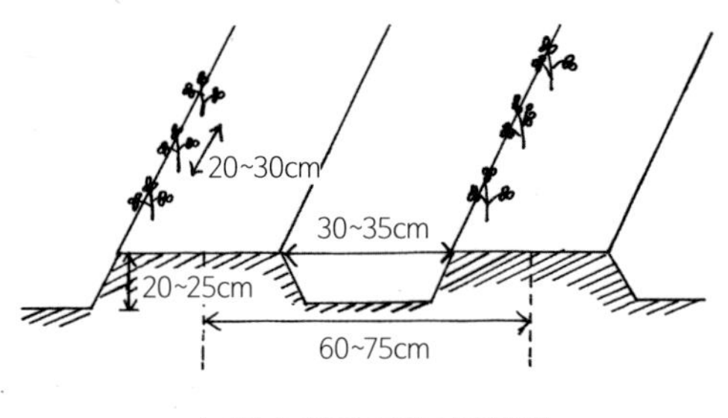

〈그림 1〉 황금 아주심기방법

4) 거름주기

생육기간이 길기 때문에 밑거름으로 퇴비 같은 유기질비료를 충분히 주어야 한다. 거름의 삼요소 중 가장 많이 쓰이는 순으로 보면 질소, 칼린, 인산순이다. 밑거름 시용량은 10α당 퇴비 1,100kg, 용성인비 또는 용과린 37kg, 초목회 37kg을 준다. 웃거름은 생육상태에 따라 유기질비료를 시용한다.

5) 직파재배

파종시기는 봄 3월 중·하순~4월 상순과 가을 10월 하순경에 할 수 있으나 가을에 하는 것이 좋다. 파정방법은 두둑을 만든 다음 45~60cm 간격으로 얕은 골을 치고 줄뿌림을 하는 방법으로 10α당 파종량은 1~1.5ℓ 정도이다. 파종 후 종자가 보이지 않을 정도로 초목회를 뿌리고 흙덮기를 한다. 그리고 그 위에 짚을 덮어 주면 모판에서 발아하는 것과 같이 발아한다. 발아 후에는 김매기, 솎음과정을 거쳐 포기사이가 15~18cm정도 되도록 한다.

6) 주요관리

모가 활착하면 웃거름 주기, 김매기, 중갈이 등을 한다. 중갈이는 언제나 얕게하고 김매기를 겸해서 한다. 황금이 무성해지면 김매기 작업은 하지 않아도 무방하다. 심은 지 2년 되는 해부터는 7월부터 10월까지 즉 꽃이 피기 시작하면 채종할 포기 이외에는 꽃을 제거해 결실을 못하게 하는 것이 뿌리의 생육을 촉진하고 품질을 향상하는 데 도움이 된다. 채종에 있어서 특히 주의할 것은 종자의 익는 시기가 고르지 못하여 적기에 채종하지 못할 수도 있다는 것이다. 채종시기가 되면 씨가 땅에 떨어지므로 익은 것부터 수시로 손으로 훑어 딴다. 2~3년째의 웃거름도 육묘 이식재배 때 사용한 거름과 같은 양의 거름을 매년 가을과 이른 봄에 나누어서 준다.

7) 수확 및 조제

① 수확

1년 된 것을 수확하는 경우도 있으나 뿌리의 품질, 수량을 감안해서 2~3년 째 수확하는 것이 좋다. 생약으로 쓸 만한 크기의 뿌리를 생산하려면 재배법을 개선할 필요가 있다. 수확은 늦가을 잎과 줄기가 말랐을 때 하는데 먼저 줄기를 제거하고 밭 한쪽에서부터 깊이 파 나가며 뿌리를 캔다.

② 조제 및 건조

뿌리는 물에 깨끗이 씻어서 겉껍질을 벗긴 후 햇빛에 말린다. 건조는 빠른 시일 내에 마쳐야 아름다운 황금색의 상등품이 된다. 건조하는 데 너무 오래 걸리거나 건조중 비에 노출되거나 습도가 높으면 청록색으로 변해 상품으로의 가치가 떨어진다. 캐낸 뿌리를 조제하지 않고 저장하면 썩는 경우가 있으므로 캐내면 바로 물에 씻어 껍질을 벗긴 후 햇빛에 말린다. 건조가 끝난 뿌리는 약재로 출하할 수 있다. 10a당 생뿌리의 수량은 1년생뿌리 300kg, 2년생뿌리 800kg, 3년생뿌리 1,200kg 정도며 건조비율은 36% 정도이다.

15 만삼

영명
Codonopis Pilosulae Radix

학명
Codonopsis Pilosula NANNF-ELDT

과명
초롱꽃과 Companulaceae

01 성분 및 용도

① 성분
미상

② 용도
거담약, 강장약으로 이용한다.

③ 처방(예)
거담, 강장 등에 가미약으로 처방한다.

④ 방약합편(황도연 원저)
수록되어 있지 않다.

02 모양

주로 강원도 이북의 깊은 산속에 자라지만 남쪽에서는 지리산 천황봉의 꼭대기에 자라기도 한다.
전체에 털이 있고 자르면 유액이 나온다. 뿌리는 초장 30cm 이상 자란다. 잎이 어겨붙었지만 짧은 가지에서는 대생하며 달걀꼴 또는 타원형으로 길이는 1~5cm, 넓이는 1~3.5cm이다. 가장자리는 보통 밋밋하다.
표면은 녹색, 뒷면은 분백색이며 양면에 잔털이 있다. 엽병은 길이가 보통 2~3cm 정도로 자라며 털이 있다.
꽃은 7~8월에 피며 옆가지 끝에 한 개씩 또는 그 밑의 엽액 쪽에도 핀다. 꽃받침은 5개로 갈라지고 털이 없으며 피침형으로서 길이는 15mm, 넓이는 5mm쯤 된다. 화관은 종형이며 길이가 2.5cm, 지름이 1.5cm쯤 되고 끝이 5개로 갈라졌다. 열편은 삼각형으로 길이는 5mm 정도이다.

03 재배기술

재배력

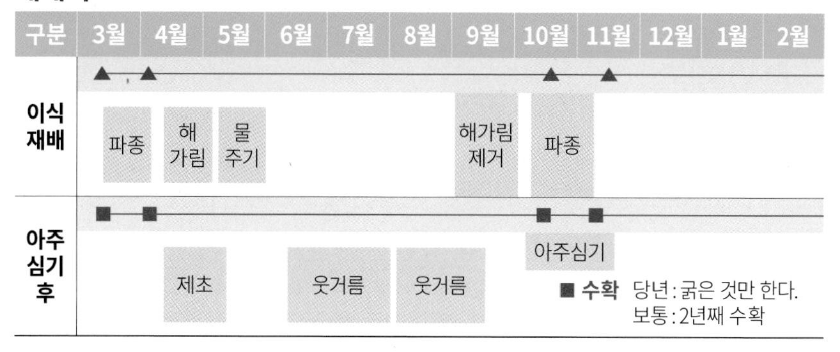

1) 적지

① 기후

만삼은 깊은 산중의 음습하고 서늘한 환경에서 잘 자라므로 서북향의 서늘한 산간에서 재배하는 것이 좋다.

우리나라는 중·북부 지방이나 남부의 산간 고랭지에서 재배하는 것이 적당하다.

② 토질

부식질이 많고 표토가 깊으며 적당히 습한 사질양토가 알맞다.

2) 채종

병충해의 피해가 없는 건실한 1~2년생 뿌리를 별도로 심어서 채종한다. 채종포는 서북향의 서늘한 산간지대가 좋다. 통풍이 잘 되고 반음지의 적습한 사질양토에 종근을 심는다.

서북향의 밭에 가을 밑거름으로 잘 썩은 퇴비를 주고 정지한 다음 넓이 1.5m 정도의 두둑을 짓는다. 이랑나비는 45cm, 포기사이는 25cm 내외로 심는다. 겨울에는 묘두 위에 3cm 정도의 흙을 덮고 그 위에 덜 썩은 퇴비를 깔아 월동하며 이른 봄에는 웃거름으로 인분뇨를 물에 묽게 타서 시비한다. 150~200cm의 지주를 세워 주면 개화 결실이 잘 된다. 만삼은 비교적 한발에 강한 편이다.

3) 번식

종자와 묘두이식법, 2가지가 있다. 묘두이식법은 잘 썩고 성장이 떨어지며 대량생산이 어려우므로 주로 종자로 번식한다.

4) 육묘이식재배

① 육묘

Ⓐ 모판만들기 및 파종

모판의 위치는 서북향으로 한다. 강풍이 불지 않고 적습한 사질양토를 고르고 밑거름으로는 49.5㎡(15평)을 기준하여 잘 썩은 퇴비 100kg, 용과린 또는 용성인비 10kg, 초목회 11kg 정도를 고루 뿌리고 갈아서 잘 섞은 다음 1~1.2m 넓이의 두둑을 짓고 종자를 흩뿌림을 하거나 10~12cm 간격으로 골을 치고 줄뿌림을 한 다음 부드러운 흙으로 1cm 정도 복토한다.

가을 파종은 10월 하순~11월 중순경에 하고, 봄 파종은 3월 중·하순 경에 할 수 있으나 가을에 파종하는 것이 좋다.

Ⓑ 모판면적

본포 10α에 49.5~66.0㎡(15~20평) 정도가 쓰인다.

Ⓒ 모판관리

봄에 파종하면 8~9월까지 해가림 시설을 해 주는 것이 발아 및 발육에 좋다. 땅이 건조하면 자주 물을 주어야 한다.

봄에 파종하면 보통 2주일 후에 발아하고 가을에 파종한 것은 이른 봄에 발아한다.

발아한 후에는 밴 곳은 솎아 주고 수시로 제초를 한다. 9월이 되면 해가림한 것을 제거해 햇빛이 들게 한다. 모판에서의 지주는 필요 없다.

② 아주심기

Ⓐ 시기

봄과 가을에 한다.

가을에는 10월 하순~11월 상·중순 사이에 가능하며 모를 캐서 선별한 다음 바로 아주심기한다.

다음해 봄에 심을 때는 모를 캐어서 대소로 구분하여 20뿌리 정도를 한 단으로 묶어서 땅에 묻어 저장하다가 심는 것이 좋다.

Ⓑ 본포선정

서북향의 산간으로서 주위에 숲이 울창하여 서늘하고 적습한 곳이 이상적인 입지조건이지만 그렇지 못한 밭이라면 나무 밑 그늘진 곳을 이용하거나 간단한 해가림 시설을 하는 것도 좋다.

<표1> 만삼시비량

(kg/10α)

종류 \ 구분	시비량	밑거름	비고
퇴비	1,100~1,500	1,100~1,500	-
깻묵	112	112	-
용과린 또는 용성인비	37	37	-
초목회	37	37	-
인분뇨	-	-	570(1~2회분시)

Ⓒ 재식방법

1~1.2m높이의 두둑을 만들어 이랑나비를 60cm, 포기사이는 18~20cm로 간격을 두고 모를 세워서 심는다.

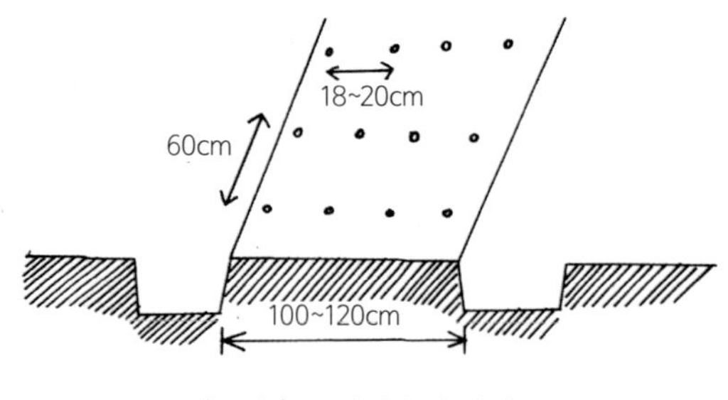

〈그림 1〉 두덕짓기 및 심기

Ⓓ **주요 관리**

발아 후 김매기를 수시로 하고 덩굴이 길게 자라면 지주를 세워 준다. 해가림은 9월 상순 경부터 제거한다.

5) 수확 및 조제

아주심기 후 그해 수확할 때는 늦가을에 큰 것만 골라서 약재로 조제하고 작은 것은 다시 심어서 다음 해 가을에 수확한다.

보통 2년근을 수확해야 우량품을 낼 수 있다. 수확한 뿌리는 물에 깨끗이 씻어 껍질을 벗긴 후 햇빛에 말린다.

10α당 수량은 보통 2년생근으로 560kg 정도이며, 25% 비율로 건근을 얻을 수 있다.

16 감초

영명
Glycyrrhizae Radix

학명
Glycyrrhiza uralensis Fis-chet et D.C.

과명
콩과 Fabaceae

+ 약용부위 뿌리

01 성분 및 용도

① 성분
Glycyrrhizin, Liquirtin, 포도당, 만닛토, 능금산, 아스파라긴 등을 함유하고 있다.

② 용도
완하, 진경, 거담, 지해, 교미약, 진통완화제 등으로 쓰인다.

감초엑기스, 담배, 간장 등에 많이 이용된다.

③ 처방(예)
감초탕, 감초사심탕, 감초부자탕, 복령행인감초탕 등

④ 방약합편(황도연 원저)
미감하고 성온하다. 모든 약을 조화시키며 생것은 회를 사하게 하고 구운 것은 오화하게 한다.

02 모양

콩과에 속하는 여러해살이풀로서 중국 북부, 시베리아, 이태리 남부, 만주, 몽고 등지에 자생 또는 재배된다.

초장은 90cm 내외로서 잎은 우상복엽이며 호생한다.

작은 잎은 4~8쌍이고 긴 둥근꼴, 즉 싸리 잎과 비슷하다. 8~9월경에 잎 어깨에서 이삭꽃 차례의 담자색 꽃이 핀다. 꽃이 진 뒤 원주상의 꼬투리가 생기며 씨를 맺는다.

꼬투리는 타원형이며 길이는 1.0~1.5cm 정도이며 겉에 가시 같은 털이 있다.

03 재배기술

재배력

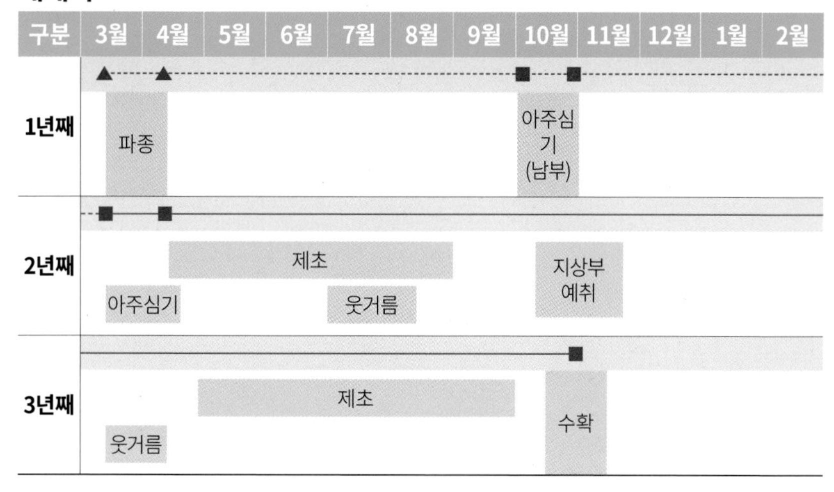

1) 적지

① 기후

우리나라 전역에 재배할 수 있으나 중국의 북부지방 및 시베리아, 몽고, 만주가 원산지인 감초는 중·북부지방과 강원도의 고냉지대에서 재배하는 것이 좋고 이태리, 프랑스 남부지방 이 원산지인 감초는 중·남부지방에 재배하는 것이 유리할 것이다.

② 토질

감초재배에 알맞은 토질은 부식질이 많고 비옥한 모래참흙 또는 질참흙으로 경토가 깊고 배수가 잘 되는 땅이 좋다.

2) 품종

㉠ Glycyrrhiza Linn Var, glandulifera Regel et Herder

감초 특유의 맛과 향이 풍부한 대표적 품종

㉡ G.glabra Linn

Glycyrrhizin은 함유하나 감초 특유의 맛은 없음.

㉢ G.Uralensis Fischer et Decandolole

맛과 향이 풍부하고 양질이나 수확량이 적다.

㉣ G. echinata Linn

한약재로서 가치 없다.

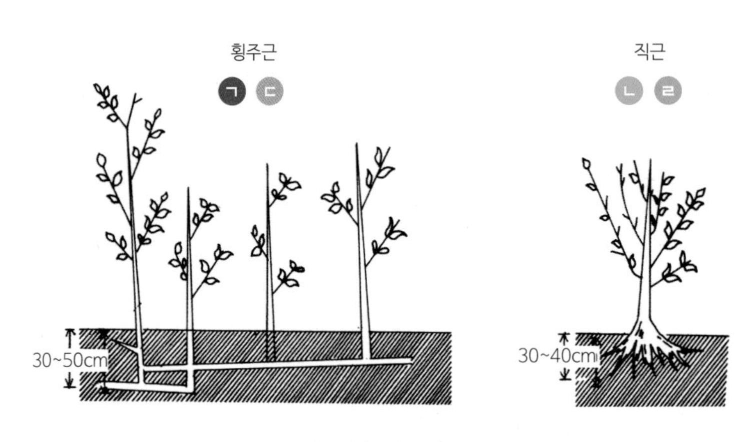

〈그림 1〉 감초의 품종

3) 번식

종자번식과 뿌리나누기법이 있으며 주로 뿌리나누기법으로 번식한다.

① 뿌리나누기법

가을에 병충해의 피해가 없고 눈이 있는(2~3개 정도) 크고 충실한 번식용 종근을 15~20cm로 잘라서 쓴다. 남부지방에서는 바로 아주심기하고 추운지방에서는 깨끗한 모래 속에 저장했다가 다음해 봄 3월 하순~4월 상순 경에 심는다. 남부지방의 경우 가을에 뿌리나누기를 한 뒤 다음해 봄에 심어도 무방하다.

이태리 감초는 약2주일 만에 새싹이 나오는 경우도 있다. 원포기에서 30~60cm정도 떨어진 곳에 새로운 싹이 나와서 어느 것은 약하게 자란 것도 있었다.

〈그림 2〉 감초뿌리의 생육상태

감초의 뿌리는 두 가지 형태로 자라는데, 밑으로 뻗는 뿌리는 껍질이 고와 일반 약재로 쓰이며, 번식용 뿌리는 뚜렷하게 눈이 엇갈리게 붙어 있고 겉껍질이 거칠다. 또한 뿌리가 자라는 방향도 깊이 뻗어가는 것과 흙을 뚫고 나와 새싹을 내는 것도 있다.

해가 지날수록 옆으로 뻗어 가면서 직근을 내리고 그 분기점에서 위로 뻗고 또다시 옆으로 뻗는 것을 반복하는데 종근으로서 옆으로 뻗는 뿌리는 1년이 지나면 대부분 죽어서 썩는 것이 보통이다.
감초는 약재용 뿌리와 번식용 뿌리가 다르므로 번식을 할 때나 종근을 구입할 때는 특별한 주의해야 한다.

4) 아주심기

보통 아주심기 후 3~4년째 가을에 수확하므로 수확 후 눈이 붙은 뿌리에2~3개의 눈 붙여서 자르고 될 수 있으면 종근을 마르기 전에 본포에 아주심기하거나 저장하였다가 해동 직 후 봄에 심는다.

① 재식거리

품종에 있어 횡주근형과 직근형에 따라 재식거리를 다르게한다. 횡주근은 이랑나비를 60cm, 포기사이는 30cm로 심고 직근형은 이랑나비가 90cm, 포기사이가 40cm정도 되도록 심는다.

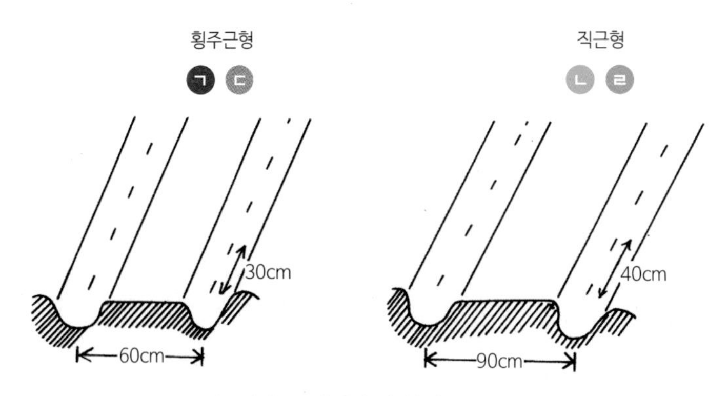

〈그림 3〉 두덕짓기 및 심기

② 재식방법

심을 밭에 밑거름을 넣고 깊이 갈아 정지한 다음 깊이를 6cm 내외로 해 수평으로 심는다. 심은 다음 가볍게 밟아 준다.

③ 거름주기

밑거름을 제때 잘 주면 감초의 품질향상과 수확량을 늘릴 수 있다.

<표1> 감초의 시비량 (kg/10α)

구분 / 종류	시비량	비고
퇴비	1,125	
깻묵	187	
닭똥	187	
인분뇨		생육상태를 보아 물에 묽게 타서 충분히 사용한다.

5) 주요관리

① 김매기

매년 2~3회 실시하여 잡초를 뽑는다. 특히 싹이 터서 생육하는 초기의 김매기를 철저히 해야 한다.

② 지상물 제거

늦가을에 경엽이 마르면 월동 전에 지상물을 제거, 여러 가지 병충해의 피해를 방지한다. 이를 방치하면 각종 해충의 집이 될 수 있다.

③ 방한 피복

겨울 추위로 인한 피해가 예상되는 중·북부지방에서는 월동 전에 짚 또는 건초, 덜 썩은 퇴비를 덮어 동해를 예방한다.

6) 수확 및 조제

① 수확

가을 지상부가 고사하면 베어 내고 뿌리 근처를 칡뿌리 캐듯이 깊이 파서 수확한다. 감초재배는 수확작업에 가장 손이 많이 간다.

② 조제

캔 뿌리는 잘 씻어 1m 길이로 자른 뒤 깨끗한 물에 하루 정도 두었다가 햇빛에 말린다.

10α당 수확량은 약 1,000kg(3~4년생) 정도이나 품종, 수확년수 등에 따라 차이가 난다.

17 백지

영명
Angelicae Dahuricae Radix

학명
Angelica dahurica BENTH et HOOK

과명
미나리과 Apiaceae

+ **약용부위** 뿌리

01 성분 및 용도

① 성분

후로크마린류를 함유하고 있으며 주성분의 byak-angelicol, 부성분의 imperatorin, oxypeucedanin 이외에 byak-angelicin 등을 함유하고 있다.

② 용도

진정, 진통, 지혈 및 정혈약으로 감기, 두통, 안면신경통, 치통 등에 쓰인다.

③ 처방(예)

곽향정기산, 형계연교탕, 소경활혈탕 등

④ 방약합편(황도연 원저)

미신하고 성온하다. 배농을 시키며 양명두동과 풍열소양을 없앤다.

02 모양

우리나라 산과 들에 자생하는 2~3년생 초본으로 미나리과에 속한다.

키는 1~1.5m 내외이고 잎은 크며 깃모양으로 두세 번 정도 갈라졌다. 갈라진 잎은 둥근꼴 또는 긴 둥근꼴이다.

잎 끝은 뾰족하고 테두리는 톱니갓둘레 모양이다. 잎의 뒷면에 윤기가 있는 것이 특징이다. 2~3년생 포기에서 8월 경 복산형 꽃차례로 다수의 작은 흰 꽃이 모여 핀다. 열매는 둥근꼴로 그 양쪽에 날개가 달려 있고 뚜렷한 두 개의 홈이 있으며 색은 엷은 황록빛이다.

백지는 개화 결실 후에 뿌리에 심이 생기거나 썩기 때문에 주의해 재배한다. 약재로는 1~2년생으로서 꽃이 피지 않고 꽃대가 올라오지 않은 뿌리를 쓴다.

03 재배기술

재배력

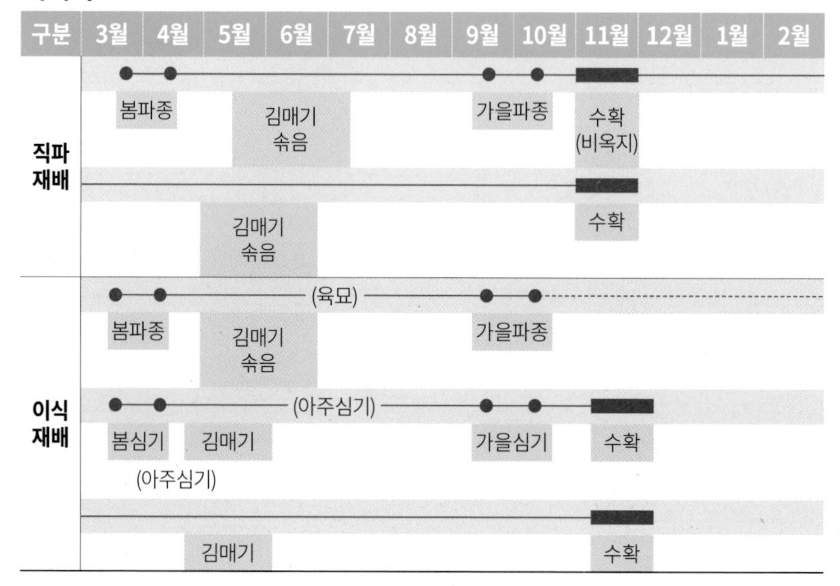

1) 적지

① 기후

우리나라 산야에 자생하는 것으로 국내 어느 지역이나 재배할 수 있다.

② 토질

표토가 깊으면서 배수가 잘 되고 습기가 알맞은 사질양토나 양토에서 잘 자란다. 초성이 강하기 때문에 어느정도 습기가 있는 땅이 수확량과 품질을 올리는데 도움이 된다.

2) 번식

번식은 씨앗으로 하며 재배양식은 직파법과 육묘이식법으로 나눈다. 직파법은 비옥지에서 그해에 수확하는 것을 목표로 할 때, 육묘이식법의 경우 보통의 땅에서 재배할 때 쓰이는 방법이다. 이 방법은 모판에서 1년 동안 모를 길러 본밭에 옮겨심은 후 1년을 길러 수확하는 재배법이다.

3) 직파재배

① 파종시기

늦은 가을에 파종하는 것이 발아율에서 뛰어나지만, 봄에 파종해도 비교적 발아가 잘 이루어지는 식물이다.

② 파종방법

밭을 깊이 갈아서 이랑나비 45cm 내외의 간격으로 넓은 골을 치고 고르게 줄뿌림한 다음 씨앗이 보이지 않을 정도로 흙덮기를 한다. 흙덮기를 하고 그 위에 짚이나 건초를 덮어 주어 발아가 고르게 이루어지도록 한다. 10α당 파종량은 5.4ℓ 내외이다. 직파재배에서 심은 그해 수확하지 않으면 꽃대가 올라오고 꽃이 피므로 뿌리를 약재로 사용할 수 없게 되니 주의해야 한다.

4) 육묘이식재배

① 육모

Ⓐ 파종시기

봄 3월 중순~4월 상순, 가을 9월 하순~10월 상순에 파종한다.

모판은 땅의 비옥도가 중 정도 되는 땅을 골라 설치하고 파종한다. 파종 후 씨앗이 보이지 않을 정도로만 흙덮기를 한 다음 그 위에 짚이나 건초를 덮는다. 10α에 심을 수 있는 모를 키우려면 흩뿌림할 경우 모판면적 33㎡(10평), 줄뿌림의 경우 49.5㎡(15평)를 만든 다음 이곳에 0.5ℓ의 씨앗을 파종한다. 다른 약초의 모판보다 거름은 적게 주는 것이 안전하고 웃거름도 생육상태가 극히 나쁠 경우에만 사용한다. 모판에서 너무 비옥하게 길러 모가 비대한 것을 아주심기하면 본밭에서 꽃대가 올라와 뿌리가 목질화되어 약재로 쓸 수 없게 되므로 특별히 조심해야 한다.

Ⓑ 모판관리

파종하여 2~3주일이면 발아하므로 본잎이 2~3매 자랐을 때 아주 밴 곳은 솎아 주고 수시로 중경 및 제초를 한다.

5) 아주심기

① 시기

봄에 심을 때는 3월 하순~4월 중순이 적기이고 가을심기는 10월 상·중순이 적당하다.

② 재식거리

이랑나비가 60cm, 포기사이는 20cm 정도 되게 심는다. 재식거리는 땅의 비옥도에 따라 조절한다.

③ 재식방법

골을 깊이 파고 밑거름을 넣은 다음 뿌리가 거름에 직접 닿지 않도록 흙을 덮고 그 위에 모를 바르게 세워 심는다. 이 방법 외에도 심을 구덩이를 파고 밑거름을 넣은 다음 심을 수도 있다.

10α당 모의 소요량은 5,000~6,000본의 양이 적당하다.

④ 거름주기

밑거름으로 10α당 퇴비 1,100kg, 용과린 또는 용성인비 37kg, 초목회 37kg을 준다. 웃거름은 모가 활착하면 잘 썩은 인분뇨를 물에 묽게 타서 주고 8월 상순~9월 상순 경에 많이 주는 것이 뿌리의 성장에 도움이 된다.

6) 주요관리

가을에 파종하면 4월 상순경에 발아하고 봄에 파종한 것은 파종 후 20일 내외에 발아한다. 직파재배의 경우 심은 그해에 수확해야 하므로 생육초기부터 알맞은 간격으로 솎아 주고 거름기가 떨어지지 않도록 비배관리를 잘 해야 한다. 중경과 제초를 2~3회 실시하는데 이때 북주기를 겸해서 한다. 병충해는 별로 없으나 봄 발아가 늦어지면 톡톡이벌레의 피해를 입을 수 있다. 주변에 채소를 재배하는 곳에서 주로 발생하며 어린 싹일수록 그 피해가 심해 살충제를 뿌려 구제한다.
채소를 주로 재배하는 지방에서는 되도록 가을에 심어서 봄에 일찍 발아가 되어 톡톡이벌레가 나오기 전에 모를 키워 피해가 없도록 하는 방법도 있다. 봄에 일찍 발아가 되면 발아율도 좋고 생육기간도 연장되어 뿌리의 수확량을 올릴 수 있다.

7) 수확 및 조제

① 수확

늦은 가을 11월 중·하순 경 지상의 경엽을 12~15cm 정도의 길이로 잘라 버리고 밭 한쪽에서부터 차례로 뿌리가 끊어지지 않게 캔다.

② 조제

캐낸 뿌리는 흙을 턴 다음 물에 깨끗이 씻어 햇빛으로 단시일 내에 말린다. 굵은 뿌리는 잘 마르지 않으므로 세로로 쪼개어 말리기도 하는데 수출하는 것은 뿌리를 원형 그대로 말려야 한다.
말리는 기간이 너무 오래 걸리거나 비 또는 이슬에 맞게 되면 곰팡이가 생기고 변질돼 상품가치가 떨어진다.
뿌리가 어느 정도 마르면 손질을 한 다음 뿌리를 가지런히 하고 알맞은 크기로 묶어서 다시 완전하게 건조 조제하여 저장하거나 바로 출하한다.
특히 수출할 경우 수송에 장기간이 걸릴 수 있으므로 완전히 말려 만에 하나 발생할 수 있는 변질이나 벌레생김 등을 방지한다.
백지는 잘 말리지 않고 저장하면 벌레가 생겨 큰 피해를 볼 수 있으니 건조작업을 철저히 하도록 한다. 특히 건조한 약재를 시세가 맞지 않는다든지 기타 사정에 의해 오랜기간 저장하게 될 경우는 수시로 확인해 부패나 벌레의 발생이나 썩시 않도록 조심하고 의심스러운 것은 다시 햇빛에 말려 저장해야 한다. 수확량은 마른뿌리로 10α당 240kg 내외이고 적지에서 관리를 잘 하였을 때에는 400kg까지도 수확량을 올릴 수 있다.

18 독활

영명
Araliae Radix

학명
Aralia continentalis KITAG-AWA

과명
두릅나무과 Araliaceae

+ 약용부위 뿌리

01 성분 및 용도

① 성분

정유, Glabra-lactone, Angelical을 함유한다.

② 용도

㉠ 약용

발한, 풍열, 감기, 두통, 유종에 쓰인다.

㉡ 식용

줄기를 연화재배하여 채소로 이용한다.

③ 처방(예)

소경활혈탕, 십미패독탕, 거풍패독산 등으로 처방한다.

④ 방약합편(황도연 원저)

미감하며 고하다. 목을 펴지 못하는 증세와 양족의 습비등 풍증을 제거할 수 있다.

02 모양

두릅나무과에 속하는 여러해살이풀로서 비교적 초세가 강하며 줄기는 가지를 많이 내고 키가 1.5~2.0m에 이른다.
잎은 2~3회 깃꼴로 갈라진 큰 겹잎이고 어린 잎은 넓은 달걀꼴 또는 둥근꼴이다. 잎 밑은 둥글거나 심장꼴이며 잎가는 톱니갓둘레이다.
7~8월에 산형꽃차례 많이 꽃이 원추형으로 모여 피는데 색은 엷은 녹색이다. 갓 나온 순은 식용으로 요리에 쓰인다. 열매는 검고 그 속에 작은 씨앗이 몇 개 들어 있으며 뿌리는 갈색인데 충실하고 매운 맛이 난다. 향기가 있는 것이 상품이다. 새로 나오는 줄기는 흙 또는 톱밥, 왕겨 등을 쌓아 햇빛을 가린 후 연화 재배하여 채소로 먹는다.

03 재배기술

재배력

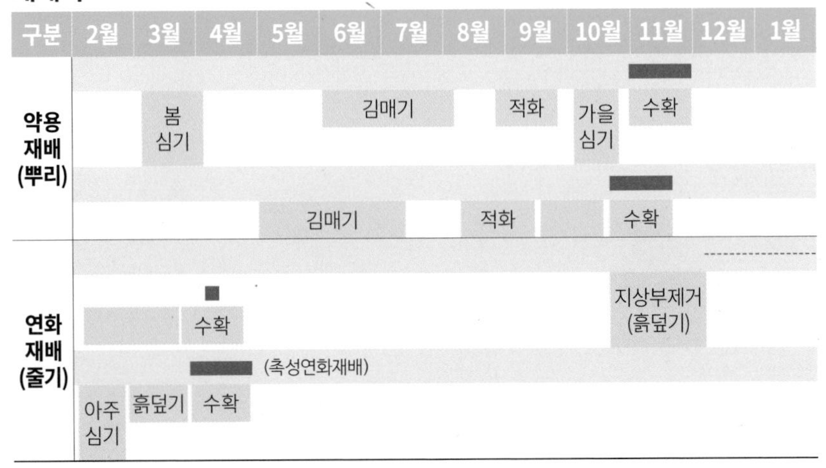

1) 적지

초성이 매우 강하기 때문에 어디서나 재배할 수 있다.

토질은 가리지 않고 어디서든지 잘 자라지만 부식질이 많은 비옥하고 물빠짐이 잘 되는 참흙 또는 질참흙이 가장 알맞다.

2) 작형

뿌리를 약용으로 쓰기 위한 뿌리재배와 줄기를 채소용으로 생산하는 줄기재배 두 가지 작형으로 재배할 수 있다. 생산 목적에 따라 관리를 잘 하면 적기에 생산할 수 있고 수량 및 품질을 높일 수 있다.

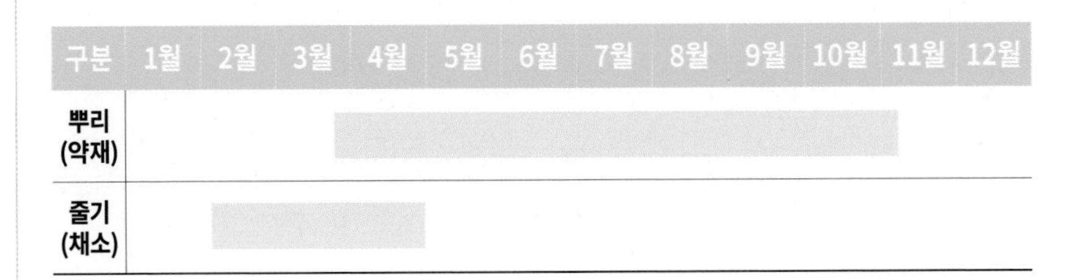

〈그림1〉 재배작형

3) 번식

종자번식, 묘두번식, 꺾꽂이번식 등이 있으며 이들 중 실용적인 방법은 묘두번식이다.

① 묘두번식

가을 또는 이른 봄(3월)에 캔 뿌리 중 굵고 긴 뿌리는 약용으로 하고 남은 묘두에 그림과 같이 충실한 싹을 2~3개 붙게 하여 봄에 바로 심는다. 가을에는 캔 것 중 남은 것과 연화재배용 묘두는 일단 땅에 묻어 두었다가 알맞은 시기에 심는다.

묻을 때는 너무 얕게 묻지 않도록 조심한다.

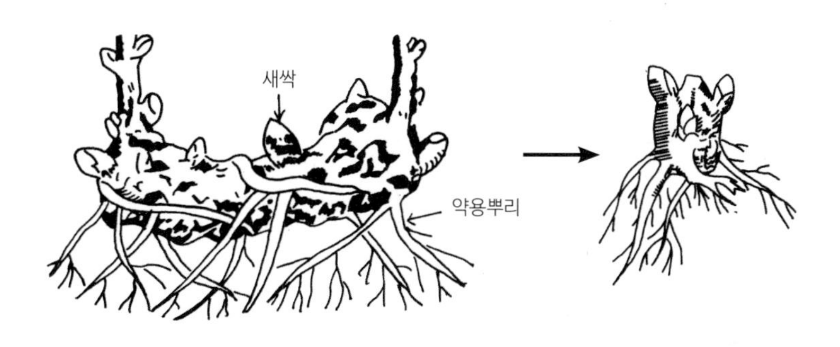

〈그림2〉 묘두 번식

② 종자번식

10월 하순경 완전히 익은 종자를 노지에 묻어 월동하거나 층적처리하는 등 낮은 온도로 처리한 뒤 이듬 해 봄 3월 하순~4월 상순에 파종한다.

파종 방법은 15cm 간격으로 파종한다.

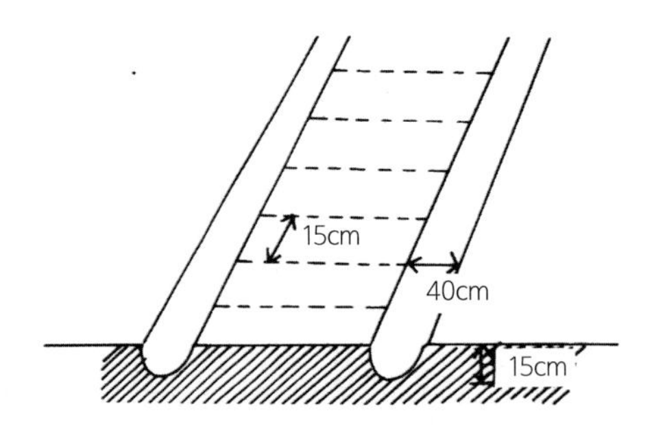

〈그림3〉 파종방법

③ 꺾꽂이 번식

연화재배는 최초 수확 후 새로운 연한 줄기를 잘라 눈의 선단이 땅 위에 나올 정도로 꺾꽂이하는 것으로, 꺾꽂이한 그해에 발아와 뿌리 생김이 이루어진다. 꺾꽂이판 흙은 거름기가 없는 모래흙이 좋다.

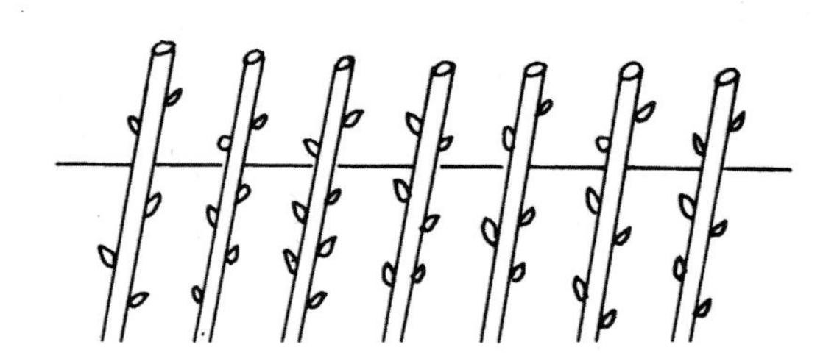

〈그림4〉 꺾꽂이 번식

4) 아주심기

① 시기 및 심는 방법

해동 후 될 수 있는 한 빨리(3월 하순 경) 묻어 두었던 묘두를 눈이 2~3개 붙도록 쪼개어 심는다.

재식거리는 이랑나비 90cm, 포기사이 60cm 정도가 알맞다. 줄기를 목적으로 하는 연화재배에서는 밀식재배하는 것이 적당하다.

10a(300평)의 밭에 심으려면 묘두 1,800주가 있어야 한다.

심는 방법은 묘두의 싹이 위로 오도록 세워 심는 것으로 흙이 6cm 정도 덮어지게 하는 것이 적당하다.
연화재배도 10a(300평)의 밭에 심으려면 묘두 1,800주가 있어야 한다. 묘두의 싹이 위로 되게 세우고 흙을 6cm 정도 덮은 다음 가볍게 밟아 주는 것이 좋다.

② 거름주기

독활은 무성하게 자라고 비교적 거름 견딤성이 강한 작물이기 때문에 심을 때 밑거름을 충분히 주어야 하며 특히 유기질 비료를 써야 성장에 큰 도움이 된다.

<표1> 시비량

(kg/10a)

구분 종류	밑거름	웃거름
퇴비	1,100	생육상태에 따라 유기질 비료 시용
용인, 용과린	19	
재거름	37	

웃거름은 생육상태에 따라 잘 썩은 퇴비나 유기질비료 등이 좋다.

5) 주요관리

독활은 초성이 아주 강해 어디서나 잘 자라므로 생육초기에 한두 번의 김매기 만으로도 7월쯤 되면 잎이 무성하게 잘 자란 것을 볼 수 있다.
9월경 꽃대가 올라오면 끊어 주어 뿌리의 발육이 잘 이루어지게 한다.

6) 수확 및 조제(뿌리)

보통 아주심기한 그해의 늦가을에 수확하지만 약초의 시세와 형편에 따라 다음 해 가을 또는 봄에 수확해도 좋다.
뿌리가 깊이 뻗어 자라므로 수확할 때 상하지 않도록 밭 한쪽에서부터 조심스럽게 캐야 한다.

번식용, 특히 연화재배용 묘두는 별도로 처리하여 심거나 저장하며 약재로 이용할 굵은 뿌리는 물에 깨끗이 씻어서 잘 마르도록 길게 쪼갠 다음 껍질을 벗겨 햇빛에 말린다.

말린 뿌리는 10α당 수확량은 일반적으로 240~300kg 정도다.

7) 연화재배(줄기)

① 맨땅 성토재배법

양열재료를 사용하지 않고 새 줄기가 올라오기 전에 흙 또는 톱밥, 왕겨 등을 덮어 주고 그 위에 터널을 설치하여 연화시키는 방법이다.

가을에 지상부를 베어 내고 흙을 덮어 재배하거나 다음 해 2월에 흙을 덮어 연화재배하면 4월 중순부터 수확이 가능하다.

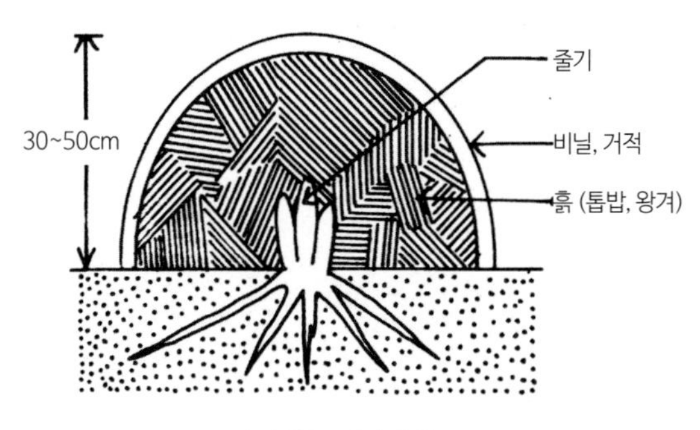

〈그림5〉 터널재배

② 촉성 연화재배법

묘두를 2월 5일에 아주심기하고 바로 그날부터 3월 20일까지 묘두 위에 왕겨 40cm를 덮은 다음 그 위에 백색비닐터널을 만든다. 터널 윗쪽에 해가림을 해준다.

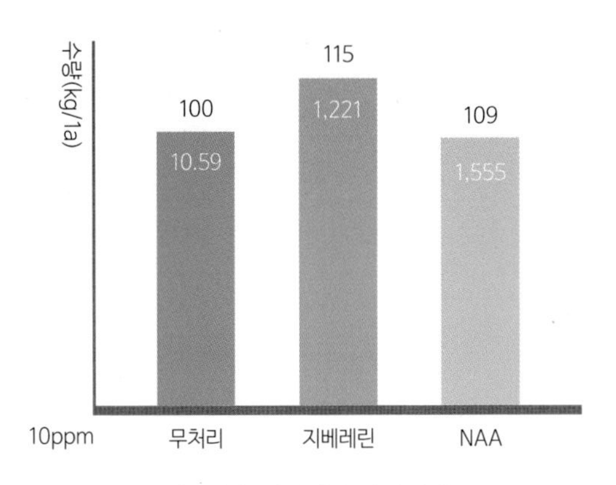

〈그림6〉 지베레린 처리결과

그리고 아주심기한 묘두는 100주당 지베레린을 물 20ℓ에 0.2g (10ppm) 정도 타서 뿌리면 생육을 촉진시켜 수확기를 앞당길 수 있다.

시험결과에 따르면 속성재배의 경우 3월 중순부터 수확이 가능한 것으로 확인됐다.

③ 수확(줄기)

연화재배한 독활은 생식용 채소로서 연한 경엽부위를 식용으로 한다. 이를 위해 덮어 놓은 줄기의 싹이 땅 위로 올라올 무렵이 되면 흙(왕겨, 톱밥)을 헤치고 베어서 먹거나 시장출하를 한다. 연화재배의 수확물은 생것이기 때문에 판로에 신경을 써서 수확 즉시 바로 처리할 수 있도록 한다.

19 부자

영명
Aconiti Tuber

학명
Aconitum japonicum Thnnb

과명
모량과 Ranuncu laceae

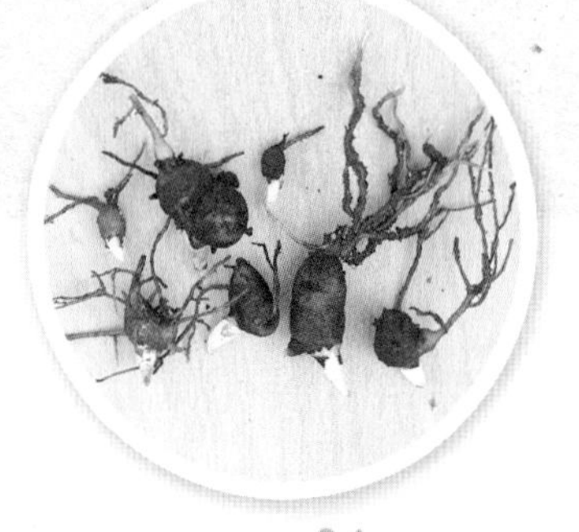

+ 약용부위 뿌리

01 성분 및 용도

① 성분

알칼로이드, 주성분은, Aconitine, Aconitin Benzoylaconine, Hypaconi-tine을 함유하고 있다.

② 용도

신경통, 관절염, 흥분, 강심, 이뇨약으로 쓰인다.

③ 처방(예)

계지부자탕, 대황부자탕, 사역탕, 진무탕 등

④ 방약합편(황도연 원저)

미신 성한 하다. 그 공력은 쉬지 않고 돌아다닌다. 궐음 통증을 고치고 양기를 회복함에도 급히 투여하는 것이 좋다.

02 모양

중국이 원산지이며 모량과에 속하는 다년초다. 키가 1m 이상 자라고 닭벼슬과 비슷한 모양의 꽃이 핀다. 꽃색은 진한 자색과 연한 자색 등 농담이 있다.

이른 가을(8월)에 꽃이 피면 그 모양이 아름다워 관상용으로 정원에 심는 경우도 많다.

약초로서는 중국 사천성에서 나는 것이 유명하다. 부자의 뿌리는 괴상으로 원뿌리의 옆에 곁뿌리가 있고 곁뿌리에서 새로 손자뿌리가 나는 식으로 자란다. 뿌리를 얻기 위한 목적으로 부자를 재배한다.

03 재배기술

재배력

10월	11월	12월	1월	2월	3월	4월	5월	6월	7월	8월	9월
아주심기	아주심기		월동 관리				웃거름 (1회)		짚깔기	웃거름 (2회)	수확

1) 적지

① 기후

서늘하고 한냉한 기후에서 잘 자라기 때문에 여름철 습기가 많고 햇빛이 직접 들지 않는 곳을 골라 재배지로 한다.

우리나라에서는 경기, 강원도와 같은 북부지방에서 재배하는 것이 좋다. 남부지방같이 따뜻한 지방은 성장이 더디고 여러 가지 병충해의 피해가 많아 실패하기 쉽다.

② 토질

유기질이 많고 부드러운 땅에서 잘 되며 너무 건조한 곳에서는 좋지 않다. 배수가 나쁘거나 점토질이 많은 땅에서는 입고병, 백견병 등의 병해가 발생하기 쉽다. 부자를 재배할 때는 돌려짓기를 하는 것이 좋다.

2) 품종

부자는 품종, 계통간에 독성의 차가 극심하다. 자생종은 대부분 약재로 사용할 수 없으며 현재 국내에서 거래, 사용 가능한 것 대부분은 수입품이다.

3) 번식

① 포기나누기

가을이 되면 캐낸 포기의 덩이뿌리를 쪼개 원뿌리는 약용으로 가공 조제한다. 곁뿌리 중에서 눈이 붙어 있는 것을 골라 심기 전에 석회유에 30분간 담가 소독한 뒤 심는다.

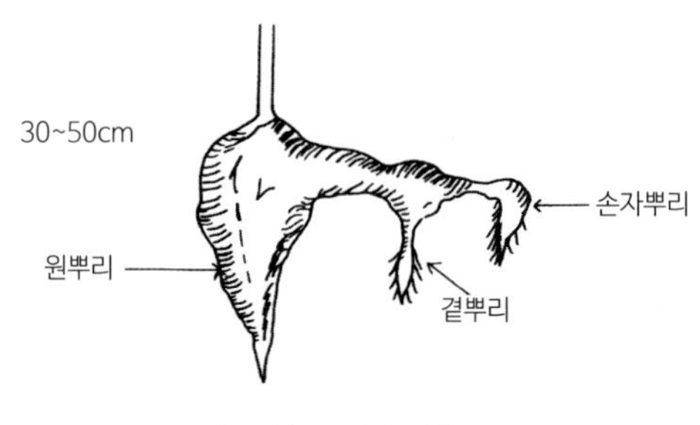

〈그림1〉 뿌리의 발육

종근 한 개의 무게는 10~20g이 적당하다. 원뿌리에서 딸 수 있는 종근은 곁뿌리 1개와 손자뿌리 1개가 붙어 있으므로 1~2개 내외 정도만 증식이 가능하다.

② 실생법

늦가을에 익은 종자를 따서 채종한 그해 파종하는 방법이다.

모판은 단책형 냉상으로 만들어 잘 썩은 퇴비와 초목회를 충분히 시용한 다음 평평하게 땅고르기를 한다. 그리고 상면에 흩뿌림하고 부엽토나 퇴비가루 등으로 얕게 덮어 준다.

발아 후에는 김매기, 솎음을 해서 번식에 알맞은 간격으로 맞춘 후 퇴비가루에 깻묵 또는 복합비료를 약간 섞어서 웃거름을 준다. 이렇게 관리하면 파종한 다음 해 가을이나 2년째 가을이 되면 아주심기용 모로 쓸 수 있다. 아주심기용 덩이뿌리는 1주당 한 개 이상은 따기 어렵다.

4) 아주심기

아주심기의 시기는 10월 상순에서 하순이 적기다.

이 시기를 잘 맞춰 심어야 활착이 원활하고 생육에 좋다. 심는 방법은 이랑나비가 80cm, 포기사이가 15cm 되도록 〈그림1〉과 같이 심는다. 10α당 20,000~26,000주를 심을 수 있다.

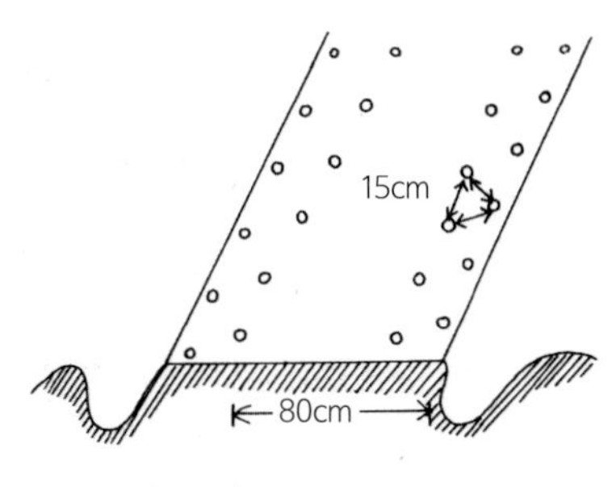

〈그림2〉 부자의 아주심기

심을 때는 눈이 위로 향하게 하고, 흙은 눈 위로 3cm 정도 높게 둔다. 너무 얕게 심으면 서릿발의 피해를 받을 수 있으니 주의한다.

5) 거름주기

밑거름으로는 10α당 퇴비 2,000kg, 복합비료 100kg, 초목회 110kg을 넣고, 웃거름은 5월 상·중순에 1차로 10α당 복합비료 40~50kg을 주고 8월 상순경 2차 거름으로 질소질비료(유안) 20kg, 염화칼리 10kg과 퇴비 100kg을 섞어서 두둑사이에 시용한다.

6) 주요관리

① 김매기

발아 후 수시로 김매기를 하고 얕게 중갈이를 한다.

제초제 사용에 대한 국내의 시험결과는 없고 일본에서는 구로로 IPC의 500~700배액을 심은 직후에 뿌려 준 뒤 봄 발아 후 시마진 1,000배액을 뿌리는 방법을 쓴다.

② 해 가려주기

부자는 직사광선이 비치는 곳보다는 반음지에서 잘 자란다. 그러므로 꽃봉우리를 맺을 때까지 해가 잘 들지 않도록 해야 한다. 꽃봉우리가 생기는 9월 경이 되면 햇빛을 쬐어도 잘 자라기 때문에 이와 같은 환경조건에 맞도록 하기 위하여 5월 상순에 부자의 두둑과 옥수수와 한 줄씩 바꾸어 파종해 반음지가 되도록 한다. 9월에 햇빛을 받아도 좋을 때가 되면 옥수수는 베어도 되는 시기니 서로에게 도움이 된다.

③ 짚 깔아주기

7월 상순 경 두둑사이, 포기사이에 짚을 덮어 주어 뿌리 부근에 햇빛이 직접 드는 것을 막고 건조해지는 것을 방지한다.

한 여름의 가뭄은 생육에 지장을 주므로 특별히 주의한다.

④ 꽃망울 제거

8월 하순~9월 상순경 꽃망울이 생기기 시작하면 채종할 것을 제외하고는 꽃이 피지 않도록 꽃망울을 제거해 뿌리가 잘 자라도록 한다.

7) 병충해 방제

부자 재배에 있어서 어려운 것은 병해 대책으로, 한냉한 지방에서 재배하는 것이 따뜻한 지방에서 재배하는 것보다 병해대책에 이롭다.

① 병해

7월 경에 발병하는 풋마름병은 서서히 시들어 뿌리까지 썩는 병이다. 이 병은 주변 포기에까지 감염되기 때문에 예방을 철저히 한다.

풋마름병은 토양병균으로 추정되며, 이를 예방하기 위해서는 종근을 심기 전에 토양 소독을 철저히 해야한다.

② 풍해

토양선충 기생에 의한 피해가 있으므로 종근 구입 시 유의하여야 한다.

8) 수확 및 조제

① 수확

캐는 시기는 약재의 조제법에 따라 구분하며, 9월 하순경 꽃이 피기 시작할 때와 개화가 끝났을 때 2번으로, 어느 때 해도 상관 없다. 보통은 개화가 시작할 때 수확하며 그 전날 맑을 때 오전에 캔다. 캔 포기는 줄기를 지제부에서 바짝 자른다. 뿌리를 캐 원뿌리와 곁뿌리를 분리해서 잔뿌리를 제거하고 물에 씻어 햇빛에 말린다.

수확량은 10a당 생근으로 600~800kg이고, 건조비율은 10% 정도로 마른뿌리는 60~80kg 정도 나온다.

② 조제

뿌리를 물에 씻은 후 생석회에 묻혀 말린다.

㉠ 염부자 : 소금에 절여서 건조한다.

㉡ 포부자 : 염부자에서 소금맛을 제거한 다음 세로로 2~3개씩 잘라 젖은 백지에 싸서 잿불 속에 구워 말린다.

20 천마

영명
Gastrodine Rhisoma

학명
Gastrodia elata Blume

과명
난과

+ 약용부위 근경

01 성분 및 용도

① 성분

Vanillyl alcohol, vanillin, 미량의 비타민 A류 등이 함유되어 있다.

② 용도

강장, 현기증, 신경쇠약, 두통, 진경, 사지경련, 관절염 등에 쓰인다.

③ 처방(예)

심향천마탕, 반하백출천마탕 등으로 처방한다.

④ 방약합편(황도연 원저)

미신하다. 두현, 소아간련 및 탄탄을 몰아낸다.

겻불에 구워 술에 담갔다가 불에 쬐어 말린다.

02 모양

산에서 자라는 다년생 초본으로 잎이 없으며, 고구마 같은 괴경 형의 뿌리가 자란다. 배열 줄기는 원추형으로 1m가량 자라고 황적색을 띤. 총상화서로 6~7월경 노란색 꽃이 위에 핀다.

03 재배기술

재배력

구분	10월	11월	12월	1월	2월	3월	4월	5월	6월	7월	8월	9월
1년째	나무베기 접종 및 묻기					구비 걸어 주기	관수					
2년째	자구 넣어주기 ■ 수확(접종 후 2년째)											

1) 적지

전국적으로 재배가 가능하며 최대한 양지바른 곳을 선택해 심는 것이 좋다. 전혀 햇빛을 받지 못하는 곳을 제외하고 반음 반양지도 재배가 가능하며 토질은 모래가 섞인 양토가 적합하고, 부식토일수록 좋다. 토심은 깊을수록 좋으며 배수가 잘 되는 곳을 고른다. 배수가 어려운 곳에서 재배하는 것은 절대로 피해야 하며 경사진 곳에서 재배하는 것이 가장 적당하다. 적지선정에 있어서는 새로 개간한 유휴지나 야산 개간지를 선택 재배하면 안전하나, 무, 배추를 이어짓기한 포장에는 천마재배를 피하여야 한다.

2) 나무준비

참나무에 종균을 접종해야 하는데 이외 알맞은 나무종류는 상수리나무, 모래참나무, 갈참나무 등이 있다. 참나무는 지름 6~12cm 정도가 적당하고, 길이는 60cm 정도로 자른 것이 좋다. 3.3㎡(1평)당 9개의 나무가 필요하다.

3) 접종 및 묻기

① 접종

60cm로 자른 나무에 다음 그림과 같이 구멍을 뚫고 종균을 접종한다. 60cm의 원목에 15cm 간격으로 구멍을 뚫으면 모두 20개에서 25개의 구멍이 만들어질 수 있으며, 90cm의 원목에는 30개에서 35개의 구멍이 만들어 질 수 있다.

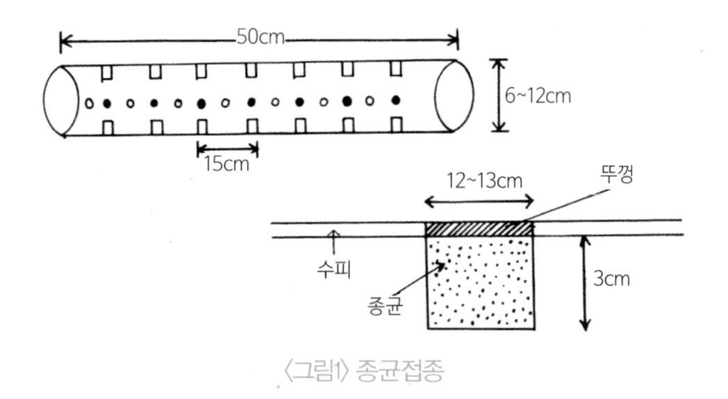

〈그림1〉 종균접종

구멍 뚫기는 핸들을 이용하며, 깊이 3cm, 지름 1.3cm 정도로 일정한 구멍을 뚫어 종균을 접종하고 나무껍질이나 스티로폴 등으로 구멍을 잘 막는다. 표고버섯과 영지버섯을 원목 재배할 때와 그 방법이 비슷하다.

② 묻기

접종한 참나무는 건조하기 전에 양지바르고 배수 잘 되는 곳에 30cm 깊이로 땅을 판 다음, 참나무를 30cm 간격으로 놓고 흙을 20cm 이상 덮은 다음 바로 풀이나 각종 낙엽 등으로 20cm 이상 덮어놓아야 한다. 밟히면 제대로 자라기 어렵기 때문에 배수로 겸 통로를 반드시 내야 한다.

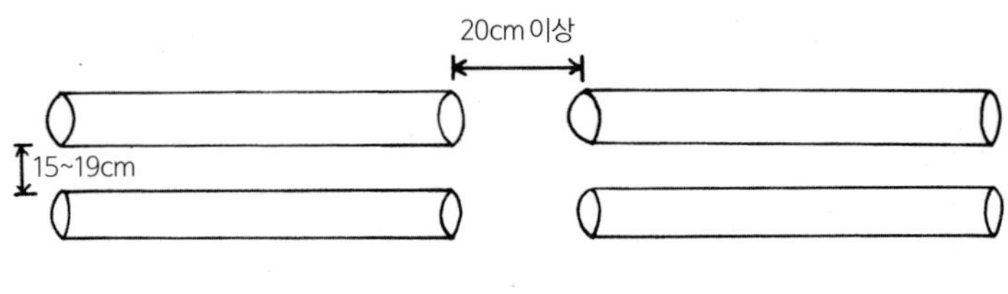

〈그림2〉 나무묻기

4) 시비

풀이나 낙엽 등을 우사에 넣어 구비를 만든 다음 시용한다. 화학비료나 계분, 인분 등을 시용하면 절대로 안 된다. 월동기간이 지나 봄에 억센 풀이 낙엽을 헤치고 올라오면 즉시 제거한다.

5) 관수

가뭄이 심할 때는 물을 낙엽 웃덮개가 충분히 젖을 정도로 뿌려 준다.

6) 자구(새끼)넣어주기

종균을 접종하여 묻은 그 이듬해 가을에 천마 자구(새끼)를 한 번 정도 드문드문 흙 속에 넣어주면 활착되어 종균과 천마식물이 공생하면서 많은 양의 천마식물이 종균에서부터 증식하게 된다.

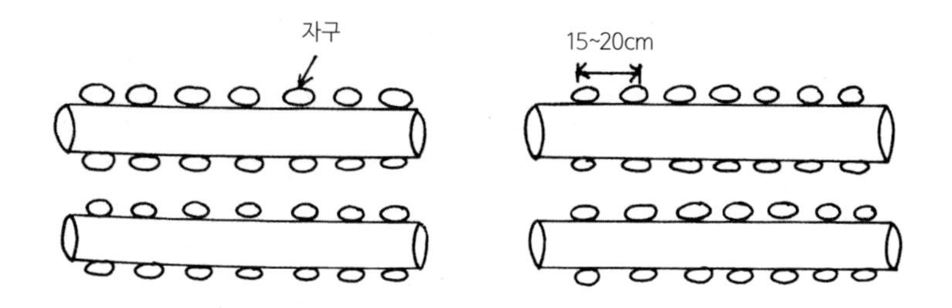

〈그림3〉 자구 넣어 주기

7) 나무 갈아 주기

첫 종균을 넣은 참나무가 썩어 없어지기 전까지 매 4~5년마다 한 번씩 종균을 접종되지 않은 생참나무만을 잘라 땅 속에 넣어주면 오랜 기간 수확이 가능하다.

8) 수확 및 조제

① 수확

참나무에 종균 접종 후 2년째 가을부터 수확을 시작한다.

천마 뿌리는 보통 개당 200~300g 정도 나가지만 큰 것 중에는 600g 이상 되는 것도 있다. 재배면적 3.3㎡(1평당) 건재로 평균 60kg 정도 수확할 수 있다.

② 조제

천마의 뿌리는 찐 후 말려서 조제한다.

질은 단단하고 속 내부는 비어 있으며, 꺾은 면은 투명한 어두운 갈색을 띤다. 맛은 약간 쓰면서 점액상을 갖는다.

21 산약

영명
Dioscoreae Radix

학명
Dioscorea japonica THUNB-ERG

과명
마과 Dioscoreaceae

+약용부위 뿌리

01 성분 및 용도

① 성분
Mucin(점질물), Distase, 조단백질, 아미노산 등을 함유한다.

② 용도
자양강장, 지갈, 지사제, 장염, 야뇨, 도한에 쓰인다.

③ 처방(예)
계비탕, 삼령백출산, 팔미환 등에 처방한다.

02 모양

산에서 자생하기도 하고 포장에 심어 재배도 가능하다. 뿌리는 육질로서 길게 땅 밑으로 자라며 원대는 덩굴로 뻗는 다년초다. 자줏빛이 도는 것이 특징이다.
잎은 대생 또는 윤생하며 삼각형 또는 삼각상 난형으로 끝이 뾰족하고 밑은 심저모양이다. 밑부분 양쪽이 불쑥 나오는 경우도 있다. 엽병은 길며 엽맥과 더불어 자주빛이 돌고 엽액에 주아가 생긴다.
꽃은 6~7월에 피며 엽액에서 수상화서가 1~3개씩 나온다.
수꽃이 달리는 화서는 곧게 서며 대가 없는 흰 꽃이 많이 달리고 6개의 수술이 있다. 암꽃이 달리는 화서는 밑으로 처지며 몇 개의 암꽃이 달린다. 모두 6개의 화피열편으로 핀다. 삭과는 3개의 날개가 달려 있으며 둥근 날개가 달린 종자가 들어 있는 것을 볼 수 있다.

03 재배기술

재배력

구분	4월	5월	6월	7월	8월	9월	10월	11월	12월	1월	2월	3월
영여자번식	파종				(1년째)		파종	(남부)				
	아주심기				(2년째)		수확					
영양번식		아주심기	지주 세우기	웃거름 (1회)	김매기	병충해 방제			수확			

1) 적지

① 기후

환산약(단마)는 기온이 높은 곳에서 잘 자란다. 연평균 온도는 13~14℃가 적당하며 10℃ 밑으로 내려가는 곳에서는 키울 수 없다. 평균 강우량 1,300mm가 적당하다.

② 토질

표토가 깊고 배수가 잘 되는 식토 또는 식질양토가 적당하다. 토층은 품종에 따라 30~50cm 정도가 좋으며, 유기질이 풍부해야 한다. 토양수분은 포장 용수량의 70%정도가 적당하며 건습의 차가 심한 곳은 좋지 않다.

2) 품종

산약의 종류에는 여러 가지가 있으며 그 중에서 산약(장마)이 가장 흔하다. 그 밖에 환산약(단마 또는 대화마) 등이 있다.

현재 우리나라 일부 남부지역에서 재배하는 산약은 참마라고 하는 장산약이 대부분으로, 흙살이 특별히 깊어야 하고 생산비면에서 수확 노력이 많이들 뿐 아니라 품질에서도 환산약(단마)보다 떨어지므로 이 같은 단점이 보완된 환산약(단마)을 재배하는 것이 유리하다.

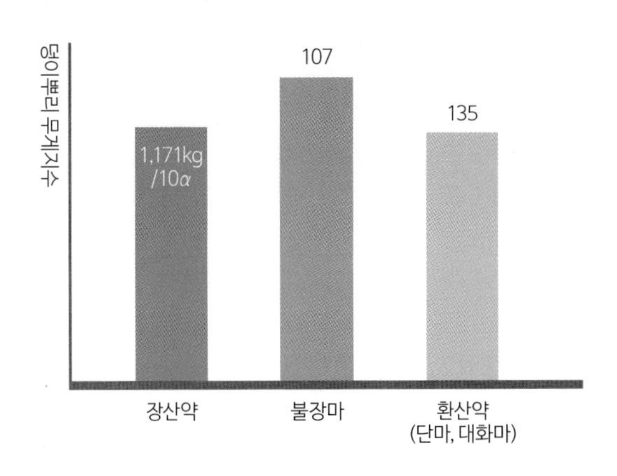

출아기(월, 일)	6.14	6.20	6.5
덩이뿌리길이(cm)	45	29	18
포기당 덩이뿌리 무게(g)	189	224	219

〈그림1〉 품종 선발 시험

3) 번식

산약의 번식은 영여자(주아)번식과 덩이뿌리를 나누어 심는 영양번식 등 두 가지로 나뉜다.

① 잉여자 번식

잉여자는 8~9월 경 하부 엽액에 황백색 또는 담갈색으로 직경 2cm 이내의 으뜸눈이 생긴다. 모양은 둥근형이고 대량재배를 위한 것으로, 수확기간이 길어 파종 당년에는 수확할 수 없고 2년째 수확할 수 있다. 영여자 파종시기는 봄 4월과 가을 10월로서 중·남부지방은 가을에 파종할 수 있으나 중·북부지방에서는 겨울에 저장하였다가 봄에 파종해야 한다. 모판에 심는 거리는 이랑나비 30cm, 포기사이 10cm로 한다. 거름주는 양은 10α당 질소 15kg, 인산 13kg, 칼리 15kg을 시용하고 파종 후 흙덮기는 3cm 정도 한다. 모판에서 1년 동안 모를 기른 후 본밭에 심는다. 즉 잉여자는 곧뿌림하고 바로 그 당년에 채취한 것은 상품적 가치가 없다는 말이다. 잉여자를 파종하고 흙덮기한 후 그 위에 짚이나 건초를 덮어 주어 발아를 촉진시켜야 한다.

② 영양번식

〈그림2〉와 같이 덩이뿌리를 잘라 심는데 씨뿌리의 무게는 두부 60g, 동부 70~80g, 고부 100g 정도가 가장 알맞은 크기이다.

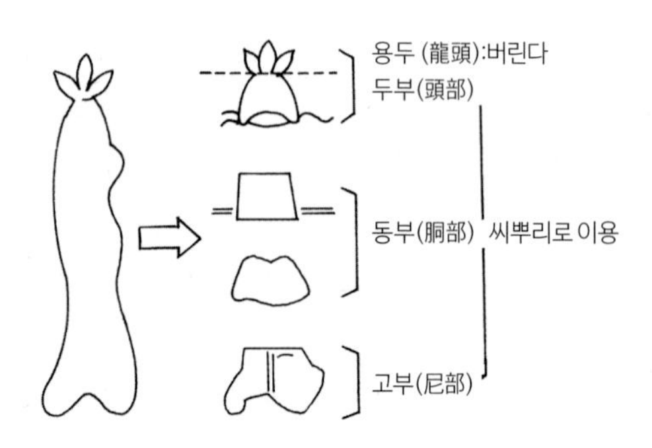

〈그림2〉 씨뿌리의 분할 방법

즉 두부에서 밑으로 내려갈수록 무게가 커져야 씨뿌리로서의 균형이 알맞은데 두부, 동부, 고부 모두 무게가 무거울수록 수량이 증가한다.
고부로 내려갈수록 발아력이 약해지고 발아가 늦어져 두부와 고부와는 약 10일 정도 차이가 난다. 씨뿌리를 자른 후 4~5일간 바람에 말리고 병해 예방을 위하여 세레산석회를 발라 저장한다. 그대로 저장하면 여러 가지 병균이 번져 피해를 입을 수 있다.

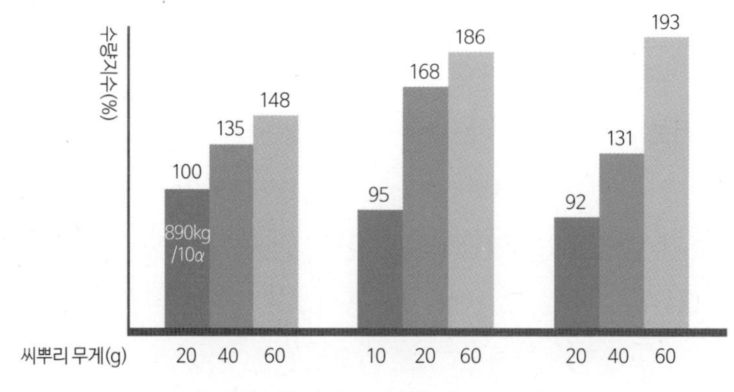

〈그림3〉 씨뿌리의 부위별 무게별 수량성

Ⓐ 씨뿌리의 저장방법

배수가 잘 되는 곳에 땅을 파고 모래 속에 씨뿌리를 서로 닿지 않게 2~4단으로 쌓은 후 30cm 정도 흙을 덮고 이엉으로 덮는다.

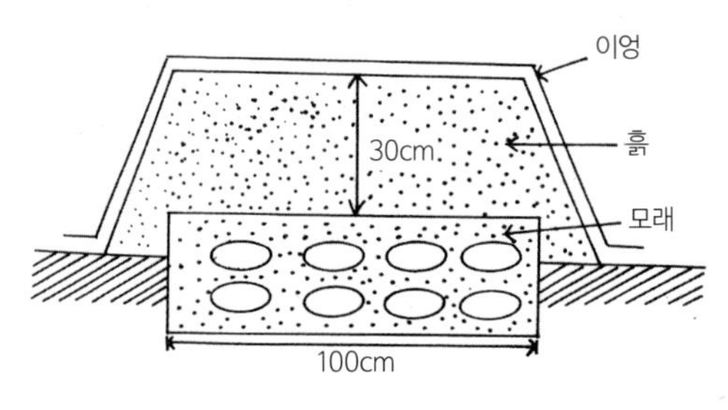

〈그림4〉 씨뿌리의 저장방법

씨뿌리를 저장한 곳의 지온은 5℃ 이상 유지되어야 한다. 씨뿌리를 수확한 다음 잘라서 저장하는 이유는 씨뿌리 저장 당시에는 산약의 발아점이 두부에 1개만 있기 때문이다. 〈그림2〉와 같이 절단해 저장하면 겨울을 나는 동안 각 절단된 씨뿌리의 윗부분에서 눈이 생기기 때문이다.

4) 아주심기

① 아주심기 시기

4월 중순~5월 상순이 적기이며, 토양살충제 후라단을 10a당 6kg을 살포 후 심는다. 저장한 모 중에는 아주심기 전에 싹이 튼 것도 많으니 새싹이 상하지 않게 다루어야 한다. 아주심기시기를 놓쳐 늦게 심으면 낮은 온도에서 자라게 돼 아주심기하여 싹이 출현하기까지 장기간이 걸리게 되므로 비닐피복하는 것이 좋다. 생육기간을 연장할 수 있으며 수확량 증가에도 좋다. 보통 아주심기를 하고 50일이 지나면 발아하며, 비닐로 씌워 키우면 20일 만에 발아한다.

② 재식거리

재식밀도는 재배지대와 뿌리형태의 종류에 따라 차이가 있는데 일반적으로 장산약(긴마)의 경우에는 뿌리가 잘 자라도록 충분한 북주기한다. 이를 위해서 재식거리를 드물게 하는 것이 좋다. 환산약(단마 또는 대화마)의 경우에는 덩이뿌리가 길게 자라지 않으므로 북주기를 높이해야 할 필요성이 적다. 따라서 장산약(긴마)보다 배게 심는 것이 유리하다.
재식밀도 시험결과(경남농촌진흥원)를 보면 환산약(단마)의 경우 이랑나비를 60cm로, 포기 사이를 20cm로 심는 것이(8,300주 / 10α) 가장 효과적이었으며, 장산약(긴마)도 8,300주를 심는 배게심기가 가장 효과적이었음을 알 수 있다. 따라서 산약의 적정 재식거리는 60×20cm가 가장 적합하다. 그러나 맥류나 채소의 사이짓기 혹은 뒷그루에서는 이랑나비 80~85cm, 포기사이 20~30cm로 드물게 심는 것이 합리적이다.

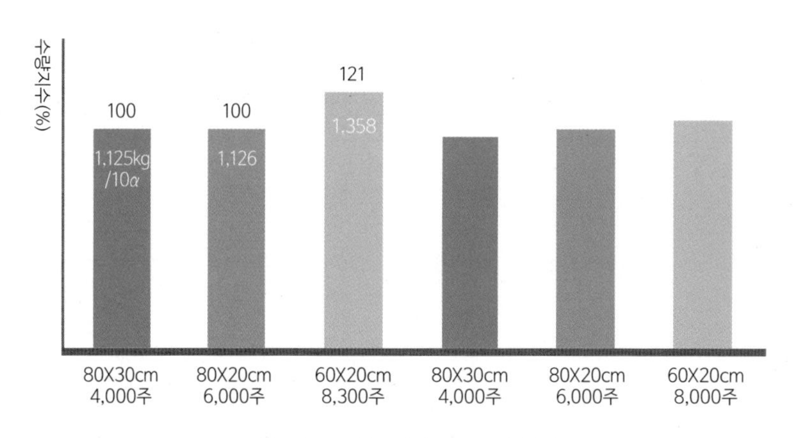

〈그림3〉 씨뿌리의 부위별 무게별 수량성

③ 거름주기

환산약(단마)의 10α당 시비량은 퇴비 3,600kg, 질소 43kg, 인산28kg, 칼리32kg, 석회 100kg으로서 석회는 경운 시 시용하고 기타는 다음과 같이 시용한다.

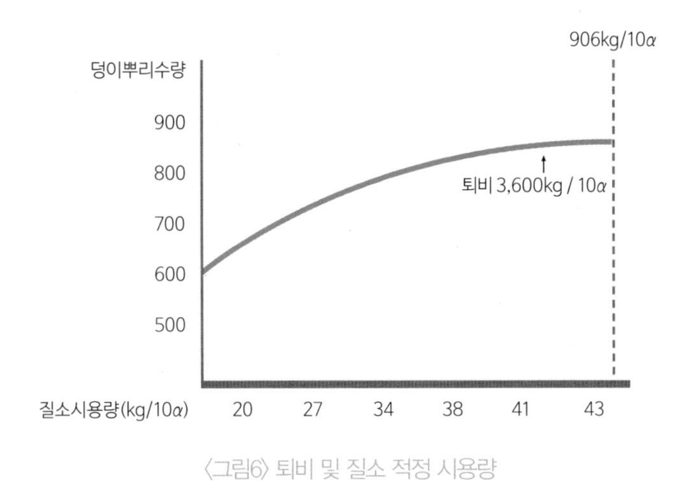

〈그림6〉 퇴비 및 질소 적정 시용량

4월 상순에 아주심기한 것이 5월 하순에 발아하면 새싹이 10~20cm 정도 자랐을 때 밑거름으로서 10α당 퇴비 전량과 질소 19kg, 인산 17kg, 칼리 16kg을 시용한다. 1회 웃거름은 6월 하순 10α당 질소 13kg, 인산 11kg, 칼리 10kg을 시용하며, 2회 웃거름은 7월 상순에 10α당 질소 11kg, 칼리 6kg을 시용한다.

거름을 줄 때는 새싹으로부터 10~20cm 떨어진 곳에 땅을 파고 뿌리에 직접 닿지 않도록 주고 바로 흙을 덮도록 한다.

5) 주요관리 및 병풍해 방제

① 주요관리

아주심기와 거름주기, 흙덮기가 끝나면 제초제인 씨마진 수화제 100~150g을 60~80ℓ의 물에 희석해서 살포하고 물기가 날아간 후 짚으로 살짝 덮어 건조해지는 것을 막고, 비가 올 때 병원균이 있는 흙이 튀어 줄기와 잎이 묻는 것을 방지해 준다.

지주세우기는 6월 중·하순에 120~150cm 높이로 세워 주며 중간에 3~4단의 옆줄을 쳐서 줄기가 타고 오를 수 있도록 한다.

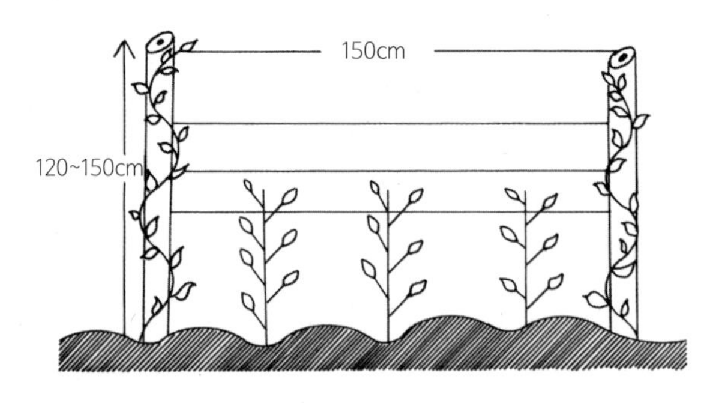

〈그림7〉 지주세우기

② 병충해방제

산약재배에서 가장 문제되는 병충해는 뿌리혹선충으로 산약의 수량과 품질에 큰 영향을 주기 때문에 피해를 최소화하기 위해 최선의 노력을 기울여야 한다. 선충피해를 막기 위해서는 7월 중·하순경에 카보입제를 10α당 9kg 정도를 덩이뿌리 비대부위에 처리해 주는 것이 효과적이다.

<표1> 뿌리혹선충 방제약제의 효과(진주)

항목 처리별	10α당		개당덩이뿌리무게(g)	등급(A-E)	선풍피해정도(0-5)	약해정도(0-5)
	덩이뿌리 무게(kg)	지수(%)				
무처리	646.5	100	195.0	C	4.7	0
카보입제 3kg	843.6	131	215.0	C	3.8	0
카보입제 6kg	983.6	152	224.0	C	3.0	0
카보입제 9kg	1,188.4	184	316.7	B	1.7	0
에토프입제 3kg	907.5	140	223.3	C	3.4	0
에토프입제 6kg	998.3	154	258.6	C	3.1	0
에토프입제 9kg	989.6	153	233.1	C	3.1	0
싸이론훈증제 15L	915.6	142	251.0	C	3.7	0
싸이론훈증제 30L	984.0	152	231.0	C	4.3	0
온탕침법	845.1	131	204.05	D	4.0	0

<표2> 병충해와 방제법

구분		병충해명	발생시기	방제법
병해	줄기잎	엽삽병	7월 중순~9월 중순	6-6식 석회보르도액(5~7일간격) 다이센엠-45
		탄저병	7월 상순~9월 상순	위와 같음
	덩이뿌리	저장전 건조시	3.1	절단부분을 세레한 석회로 바름
충해	줄기잎	응애	8월 중순~9월 하순	켈센800~1,500배
		고구마잎벌레	7월 중순~8월 하순	앤드리 1,000배
	덩이뿌리	뿌리혹선충	7월 하순~9월 중순	카보입제9kg / 10α

6) 수확 및 조제

① 수확

조기 출하를 할 경우에는 9월 하순 줄기와 잎을 걷어내고 10일이 지난 후 수확한다. 수확하기 가장 적당한 때는 줄기와 잎이 완전히 말라 죽고 덩이뿌리가 완숙되는 11월 하순경이다.

장산약(긴마)은 뿌리밑을 깊이 파고 흙을 무너뜨려 가며 될 수 있는 한 긴 뿌리를 상하지 않게 캐내야 한다. 환산약(단마)은 뿌리가 깊이 들지 않아 수확 작업이 비교적 쉽다. 약용으로 쓰일 것은 껍질을 벗겨 말리는데 생으로 말린 것은 생산약이라 하고 살짝 쪄서 말린 것을 증산약이라 한다. 생산약이 품질이 좋고 가격면에서도 높다. 생산약을 수출할 때는 오랜 보관으로 인한 병충해의 피해가 없도록 조심한다. 아주심기 후 당년수확량은 보통 10α당 1,800kg 정도로 그 양이 적으나 따뜻한 지방에서 2~3년째에 수확한 것은 3,000~4,000kg에 달하기도 한다.

생것을 식용으로 시장에 출하할 때에는 상하지 않도록 각별히 조심해야 한다. 수확한 뿌리는 대, 중, 소로 나누고 그중 굵은 것은 식용으로 상품가치가 높기 때문에 식용으로 시장에 출하한다. 약용으로 쓰이는 것은 뿌리의 굵기가 굵지 않아도 되므로 중 정도 되는 것을 약용으로 하고 작은 뿌리는 묻어 두었다가 다음 해 봄에 다시 심어 수확하는 것이 적당하다. 약용으로 할 때는 묘두는 떼어 두었다가 씨뿌리로 한다.

7) 저장

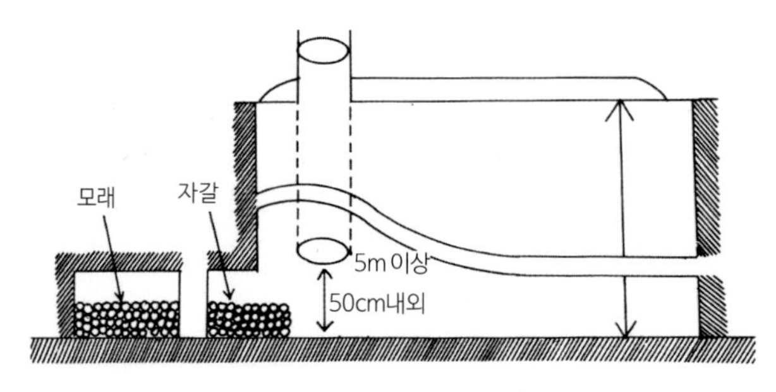

〈그림8〉 장기 지하 저장

출하시기에 따라 저장방법이 달라 단기저장의 경우 지하저장 또는 움저장을, 장기저장은 〈그림8〉과 같이 지하저장을 하면 다음 해 8월까지 저장할 수 있다.

모든 농산물은 출하시기에 따라 가격의 차이가 크므로 시장동향과, 수출정보를 정확히 파악하여 출하시기에 맞춰 적절한 저장법을 적용한다.

산약의 건조비율은 20% 내외이다. 일본의 개당 덩이 뿌리 무게에 대한 선별 표준은 〈표3〉과 같다.

<표3> 환산약(대화마)의 검사규격 (일본)

구분	선별기준
대	덩이뿌리 1개당 450~700g
중	덩이뿌리 1개당 300g 이상
소	덩이뿌리 1개당 200g 이상

22 일황련

영명
Coptidis Rhizoma

학명
Coptis japonica MAKINO

과명
미나리아제비과 Ranuncula ceae

+ 약용부위 뿌리

01 성분 및 용도

① 성분
Berberine, Palmatine, Coptisine, Worenine을 함유하고 있다.
Worenine 및 coptisine은 황련 특유의 아루카로이드이다.

② 용도
고미건위, 정장약으로 쓰인다.

③ 처방(예)
황련탕, 삼황사심탕, 황련해독탕 등으로 처방한다.

④ 방약합편(황도연 원저)
미고하다. 주로 열을 가시게 하며 비를 제거하고 눈을 밝게 하며 이질, 설사를 멈춘다.

02 모양

산간의 나무 밑 습한 곳에 자생하는 상록성 여러해살이풀이다.
키는 15~18cm 정도이며 암·수 풀의 포기가 다르게 생겼다.
살이 많은 근경은 노란색으로 잔털이 많고 지하로 뻗는다.
잎이 뿌리에서 나며 2~3회 세 갈래로 갈라진 깃꼴겹잎으로 잎은 작고 달걀꼴이다.
이른 봄에 10~12cm 정도의 꽃대가 올라와 그 끝에 2~3개의 흰 꽃이 엉겨 붙어가며 핀다.

03 재배기술

재배력(밭재배)

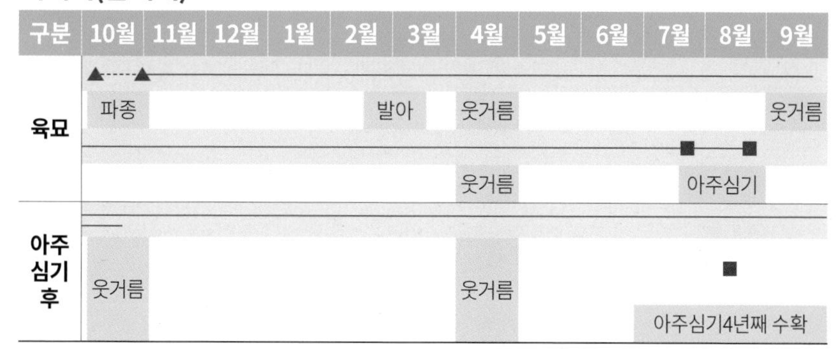

재배력(수간이식재배)

구분	10월	11월	12월	1월	2월	3월	4월	5월	6월	7월	8월	9월
육묘	파종				1년째		발아			웃거름		
	웃거름							웃거름		아주심기		
아주심기 후	나무 가지 잘라 주기	4·8·12년째								예초 (매년)		
										15년째9·10월 수확		

1) 적지

① 기후

서늘하고 적습한 곳에서 생육이 잘 되며 산악지방의 북면 또는 동북면에서 잘 자란다. 생육초기에는 숲이 우거져 빛이 들지 않는 곳 보다는 해가 잘 드는 곳이 좋다.

가장 이상적인 곳은 수간으로서 햇빛이 40~50%정도 비치는 곳이다.

점점 자라면서 해가 더 잘 드는 곳이 성장등에 좋으며 심은지 4~5년 된 것은 햇빛이 60~70% 이상 비치는 곳이 좋다.

② 토질

통기성이 좋고 배수가 잘 되며 부식질이 풍부한 사질양토가 재배하기 적당하다.

중점토 또는 습기가 많은 곳에서는 성장이 더디고 뿌리가 썩기 쉬우며 수확조제하는 데 많은 노력이 든다.

2) 채종

화경이 봄에 나와 흰색의 작은 꽃이 핀다. 5월 하순~6월 상순에 황색의 종자가 자라기 시작하기 때문에 씨가 땅에 떨어지기 전에 받아야 한다.

채종할 때는 병 없이 잘자란 4~5년생 포기에서 하는 것이 좋으며 꽃자루를 베어 3~4일 동안 그늘에서 말린 후 털어서 저장한다. 밭에서 재배한 경우, 4~5년생의 건실한 포기 1,000주에서 4~6ℓ정도 채종할 수 있다.

채종한 종자를 방치해 두면 발아력이 떨어지므로 아래와 같이 저장한다.

소량의 종자는 3~4배의 가는 모래와 섞어서 화분에 넣어 빗물이 들어가지 않고 지하수위가 낮은 음지에 파묻어 저장한다.

다량의 종자는 〈그림1〉과 같이 저장한다.

※저장 중 상부가 건조하다고 물을 주면 종자가 썩기 쉽다.

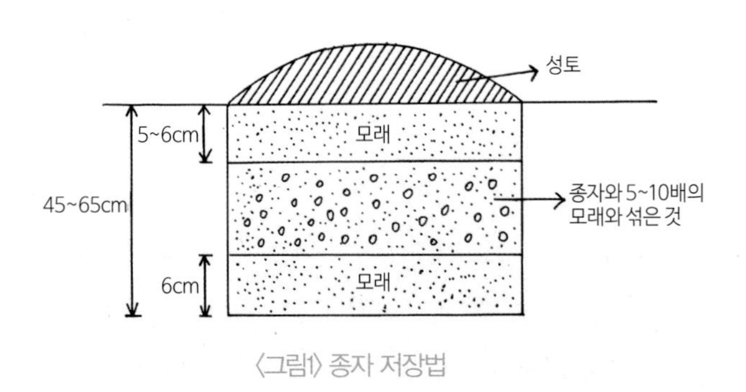

〈그림1〉 종자 저장법

3) 번식

종자로 번식한다.

4) 밭 육묘이식 재배

① 육묘

모판은 나무그늘 같은 반음지에 배수가 잘 되고 비옥한 땅을 선택한다. 상폭 120cm의 단책냉상을 만들어 파종하는 것이 좋다.

Ⓐ 비료

9월 경 전층시비해 놓았다가 파종직전에 모판을 다시 정지해서 종자를 흩뿌림한다.

복토는 종자가 보이지 않을 정도로만 덮고 그 위에 잘 썩은 퇴비나 낙엽을 덮는다.

<표1> 모판시비량 (kg/10α당)

구분 / 종류	시비량	비고
퇴비(완숙)	95	잘부식시켜서 시용한다.
깻묵	7	
닭똥	18	

Ⓑ 모판면적

본포 10α당 3a

Ⓒ 파종량(3a)

4~5ℓ

Ⓓ 파종시기

연내에 발아하지 않도록 11월 하순 경 파종하는 것이 좋으며 따뜻한 지방에서는 3월 중순쯤에 파종하는 것도 가능하다.

※ 가을에 파종한 그해 발아한 것은 동해를 입게 되므로 파종시기를 잘 맞춰야 한다.

Ⓔ **해가림**

높이 120~150cm의 지주를 2m 간격으로 세우고 횡목을 묶어 경사지게 한 다음 발을 쳐서 30% 정도 햇빛이 들게 한다.〈그림2 참조〉

Ⓕ **모판관리**

밴 곳은 솎아 주고 제포, 배수 그리고 들쥐의 피해를 막기 위한 지속적인 관심이 필요하다.

일황련은 알카리성을 싫어하므로 석회나 재 등을 시용해서는 않된다.

화학비료는 뿌리에 직접 닿으면 생육에 지장이 있으므로 시용하지 않는 것이 좋다.

일반적으로 모판기간은 생육 2년째 가을까지며 발아한 그해 가을과 그 다음해 봄에 2번에 걸쳐 웃거름으로서 1a당 5~6kg의 깻묵을 시용한다.

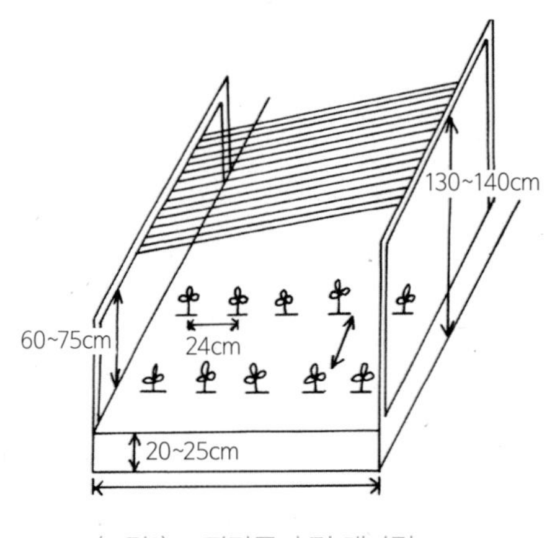

〈그림2〉 모판만들기 및 해가림

② 아주심기

Ⓐ **시기**

아주심기할 모는 파종 후 3년생(만 2년생)을 쓰고 가을 9월 하순~10월 하순에 아주심기한다.

Ⓑ **비료**

심을 밭은 아주심기 1~2개월 전 정지 할 때 10α당 퇴비 1,500kg, 깻묵 75kg을 넣는다. 단책형의 약간 높은 두둑을 쌓고 40cm의 통로 겸 배수로를 만들어야 작업하기가 수월하다.

Ⓒ **재식거리**

이랑나비는 24cm, 포기사이는 18cm로 심는다.

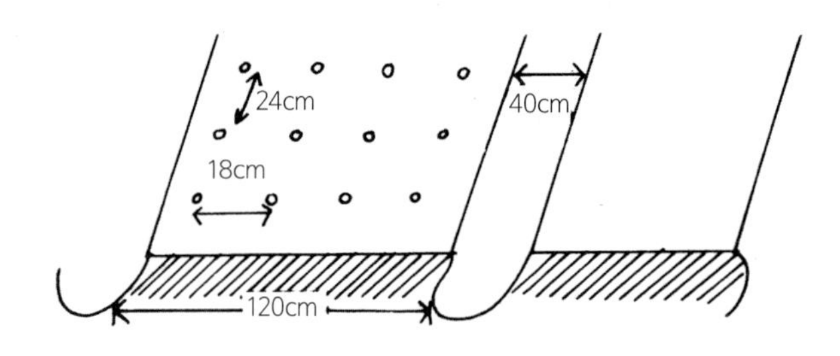

〈그림3〉 두덕짓기 및 심기

Ⓓ **심는 방법**

1주의 묘수는 대묘의 경우 3~4본, 소묘의 경우 7~8본을 심으며, 너무 깊이 심으면 좋지 않으므로 주의한다.

Ⓔ **해가림**

아주심기가 끝나면 모판 때와 동일하게 해가림 시설을 만들어 설치한다.

Ⓕ **주요관리**

아주심기 후 이랑과 포기사이에 짚이나 건초를 깔아 주고 제초할 때는 풀만 뽑힐 정도로 얕게 매주는 것이 좋다.

웃거름은 다음 해 봄 5월 상순부터 늦가을까지 2~3회 가량 시용한다. 이때 액비는 물 10ℓ에 깻묵 800g을 넣어 30일 이상 썩힌 것을 5~6배의 물에 타서 시용한다.

※ 화학비료는 시용하지 않도록 한다.

③ 수확 및 조제

Ⓐ 수확시기

9월 하순~11월 상순에 한다.

아주심기 후 4년째 가을에 수확 할 수 있으나 뿌리의 생육상태, 시세를 고려하여 수확기를 결정해도 큰 문제는 없다.

Ⓑ 수확방법

잎과 줄기를 잘라내고 뿌리를 캐낸다. 뿌리는 천근성이므로 작업하는 데 큰 힘이 들지 않는다.

Ⓒ 조제 및 건조

캐낸 포기는 흙을 털어 가는 뿌리는 잘라내고, 털뿌리는 불로 태워 제거한다. 이때 뿌리가 상하지 않도록 주의한다.

근경에 붙어 있는 흙과 잔뿌리가 깨끗이 떨어지도록 새끼뭉치로 문지른 후 다시 햇빛에 잘 말려 습기가 차지 않도록 조심한다.

수량은 건재로서 10α당 120~150kg 정도이다.

5) 수간이식재배

① 육묘

모를 기를 곳은 30~40%의 햇빛이 드는 잡목림이 적합하다.

나무사이를 얕게 파고 정지해서 나무뿌리, 잡초뿌리를 제거한 다음 파종방법으로 심는다.

Ⓐ 파종

3.3㎡(1평)당 40~50㎖정도의 양을 흩뿌림한다.

파종시기는 10월 하순~11월 상순으로 추운지방에서는 조금 빨리 파종해도 무방하다.

Ⓑ 관리

발아 후 매년 1~2회 잡초를 제거하는 것이 좋다.

② 아주심기

모는 파종 후 3~4년생이 지나야 초장 5~15cm, 엽수 6~10매로 성장해 아주심기에 알맞은 크기가 된다.

심을 곳은 5~10cm 정도의 깊이로 얕게 파서 정지한다.

Ⓐ 재식거리

조 간이 25~30cm, 포기사이가 20~25cm의 정방형이 되도록 심는다.

이때 3.3㎡ 당 50~60주를 심는 것이 적당하다.

1주의 묘수는 대묘 5~6본, 소묘 8~10본이 좋다.

Ⓑ 주요관리

아주심기 후 매년 1회씩 잡초의 뽑아 주고 심은 후 4~5년까지의 해가림은 60~70% 정도로 빛이 들게 하며 수확을 1~2년 앞두었을 때 해가림 시설을 없애는 것이 성장에 도움이 된다.

햇빛의 해가림 나뭇가지를 일황련이 자라남에 따라 잘라주기하면서 단계적으로 햇빛쬐임을 가감할 수 있다.

③ 수확 및 조제

Ⓐ 수확시기

밭 재배에 비하여 수확시기는 늦다. 아주심기 후 10~15년째의 8월 하순부터 11월경까지 한다.

※수확방법 및 조제법은 밭재배 때와 같이 한다.

10α당 건재의 수확량은 130~180kg 정도다.

23 패모

영명
Astragali Radix

학명
Astragalus membranaceus Bunge

과명
콩과 Fabaceae

+ 약용부위 뿌리

01 성분 및 용도

① 성분

알카로서 Fritilline, Fritillarin Verficine을 함유하고 있다.

② 용도

진해, 거담, 배농약, 해열, 금창, 동통에 쓰인다.

③ 처방(예)

길경백산, 청폐탕 등으로 처방한다.

④ 방약합편(황도연 원저)

미한하다. 담증과 해소에 좋고 개울하고 제번하니 폐옹폐위에도 좋다.

02 모양

원산지가 중국인 다년초다. 인경은 희고 3~5개의 육질 인편으로 되어 있다. 둥글고 밑에 수염뿌리가 달린다.

원대는 25cm 내외로 곧게 자라며 잎은 대생 또는 3개씩 돌아가며 붙는 선형으로 길이는 10cm 내외이고 대가 없다.

끝이 뾰족하고 윗부분의 잎은 덩굴손처럼 말려 자란다.

5월에 자줏빛 꽃이 열리며 윗쪽 잎 겨드랑이에 한 개씩 달린다. 아랫쪽으로 바닥을 향해 길이 2~3cm 정도로 핀다.

화피열편은 6개로서 주걱형이며 수술은 6개로 꽃잎보다 짧다.

암술대는 3개로 갈라지고 삭과는 6개의 날개가 있다.

꽃은 연한 황색이며 뚜렷하지 않지만 그물 같은 무늬가 있다.

03 재배기술

재배력

구분	8월	9월	10월	11월	12월	1월	2월	3월	4월	5월	6월	7월
		▲—▲	—	—	—	—	—	—	—	—	■	
육묘		아주 심기		풀 깔아 주기				웃거름	적심 개화기		수확	

1) 적지

① 기후

패모는 비교적 추위에 강한 작물이나 따뜻하고 건조한 기후가 재배하기 적당하므로 중부 이남 지방에 재배하는 것이 적합하다.

② 토질

표토가 깊고 배수가 잘 되는 식양토 또는 사양토가 적당하다. 습기가 많은 땅에서는 인경의 생육이 더디고 병해를 입거나 썩기 쉽다. 특히 패모는 다른 작물과 간작관계가 좋으며, 잎과 줄기가 무성하지 않아 뽕밭이나 과수원 등에서 함께 재배하는 것도 좋다. 패모는 연작을 해도 큰 피해는 없지만 한번 재배한 밭에는 2~3년간 윤작하는 게 좋다.

2) 품종

① 분포

Ⓐ 패모

산지인 중국, 일본에서는 약용 또는 관상용으로 재배한다.

Ⓑ 절패모

상패, 대패모라고도 하며 중국 절강 지방이 주요 산지다. 재배보다는 자생하는 것이 많다.

Ⓒ 천패모

천패라고도 하며 산지는 서장의 사천성 근방이다.

Ⓓ **평패모**

평패라고도 하며 우리나라, 만주, 우스리 등에서 난다.

Ⓔ **기타**

학명불명의 서패, 고패 등이 중국일대에 자생한다.

※ 우리나라에는 대부분 일패모를 재배하며 종묘상에서 판매되고 있는 것 역시 대부분 일패모이다.

3) 채종

패모의 종자 채종은 고도의 기술이 필요한 매우 힘든 일이다.

채종할 때에는 별도로 채종포를 고르고 재배환경을 인위적으로 조절해야만 채종할 수 있다. 채종포의 심는 시기와 비배관리는 종구를 심을 때처럼 같이 하고 인산, 칼리비료를 증시해야 하며 지효성 비료를 주는 것이 좋다. 패모는 생육기간이 길어서 밑거름의 단비현상이 일어나지 않도록 하는 것이 좋다. 이른 봄에 웃거름을 시용할 수 있지만 비료의 효과가 늦게 나타나면 종자의 결실이 늦어지고, 기후적으로도 덥고 건조한 날씨가 되어 인경이 후면하게 돼 잎은 자연히 황색으로 변하여 결실 도중에 고사하여 실패하기 쉽다. 가뭄 때에는 수시로 물을 준다.

꽃은 밑에서 피기 시작하여 점차로 위로 올라가면서 피는데 한 포기당 2~3개만 남기고 나머지는 모두 따 버린다.

4) 번식

패모의 번식은 주로 구근으로 하지만 종자 또는 인편의 삽목법에 의하여 번식 가능하다.

① 인경번식법

패모의 인경을 수확해 큰 것(20g 이상)은 약재로 가공, 조제하고 작은 것은 번식용으로 쓴다. 번식용 종구의 크기는 10~19g 정도가 적당하다.

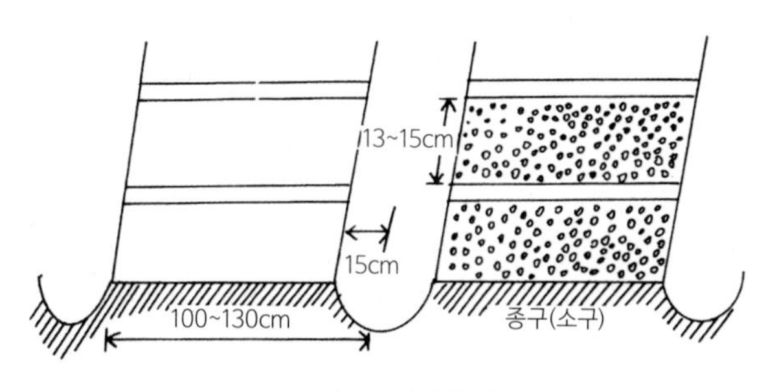

〈그림1〉 모판만들기

이보다 작은 종구는 모판에서 길러 아주심기한다. 모판은 동남향으로 하고 햇빛과 바람이 잘 통하며 적습한 식질양토 또는 사질양토가 적당하다.

·복토 : 종구의 2~3배 정도가 적합하다.

Ⓐ **모판비료**

<표1> 모판시비량 (g / 3.3㎡)

종류 \ 구분	시비량	비고
퇴비(완숙)	2,500	심기 10일 전에 전층시비
깻묵(유채)	500	
용성인비	150	
초목회	370	

Ⓑ **관리**

종구를 모판에 심고 그 위에 짚을 덮어 표토가 딱딱하게 마르는 것을 막는다. 다음 해 5월에 지상부가 마르면 캐서 대소로 구분해 저장했다가 정아주심기한다.

② 인편삽목법

인편의 대소를 막론하고 종구가 부족할 때 번식할 목적으로 인편 삽목을 한다. 패모는 잘못 캐면 인편이 많이 떨어지므로 이러한 것은 삽목법을 써 종구로 양성한다. 삽목상은 깨끗한 모래와 황토를 체에 쳐서 반반씩 섞어 만드는 데 깊이를 12~15cm정도로 한 다음 〈그림 2〉와 같이 꽂아 키운다. 삽목 후에는 물을 충분히 주고 상토 표면에 짚을 깔아 햇빛을 가려 준다. 상토가 건조해지는 것을 주의하면서 날씨에 따라 물을 준다. 인편에서 뿌리가 나고 잎이 자라면서 자구가 생긴다. 잎이 자라지 않고 자구가 생기는 경우도 있으나 이런 것은 발육이 더디다. 이 과정을 거쳐 자란 자구는 또다른 모판에 옮겨 심어 종구로 기른다.

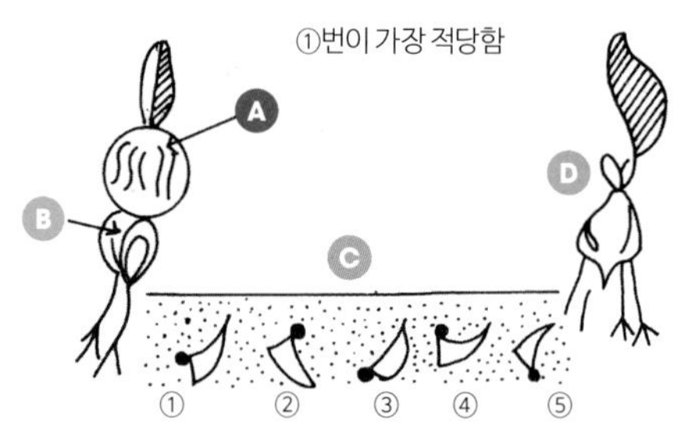

〈그림2〉 패모의 꺾꽂이법

5) 아주심기

① 시기

9월 상·중순 경이 적당하나, 추운지방에서는 일찍 심고 따뜻한 지방에서는 좀 늦게 심어도 무방하다.

② 재식거리

그림과 같이 이랑나비는 30~45cm, 포기사이는 15~20cm로 심는다.

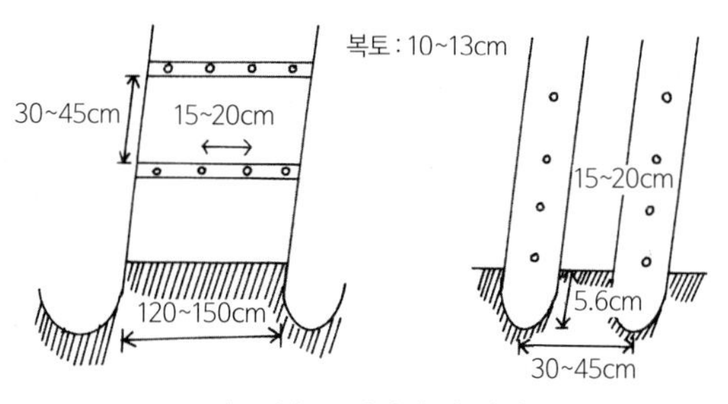

〈그림3〉 두덕짓기 및 심기

③ 거름주기

패모는 밑거름에 치중해야 한다.

<표2> 패모의 시비량 (kg / 10a)

종류 \ 구분	전량	밑거름	웃거름	
			1회(3월하순)	2회(4월하순)
퇴비	1,125	1,125	-	-
깻묵	187	187	-	-
초목회	75	-	-	75
인분뇨	375	-	375	-

6) 주요관리

㉠ 월동 전에 짚 또는 건초로 피복해서 1년 동안, 건조해지는 것을 방지한다.

㉡ 봄에 많은 꽃봉오리가 나오는데 3월부터 4월에 걸쳐서 개화하기 전 한 달 동안 잘라내야 한다.

7) 병충해 방제

엽고병 : 꽃봉오리가 생겨서 개화기까지 발생한다. 물이 잘 안 빠지는데 그 원인이 있거나 혹은 토질이 맞지 않는 곳에서 재배하면 심하게 발생하는 병이다.

6-6식 보르도액을 계속 2~3회 살포하면 방제가 가능하다.

8) 수확 및 조제

① 수확

5월 중순경부터 경엽이 황색으로 변하는데 그 때가 적기다.

수확기는 5월 중순~6월 하순으로 수확시기가 늦어지면 인편이 많이 떨어지기 때문에 조제할 수 있는 양이 줄어든다. 수확한 것은 대소로 구별해서 큰 것은 약재로 조제하고 작은 것은 번식용으로 쓴다.

10a당 아주심기하면 다음 해에 생근 750~900kg를 수확할 수 있다.
한 구멍에 한 그루를 심어도 수확하면 대개 2~3구가 되고 번식률이 좋은 것은 3~4구까지 수확할 수 있다.
※ 아주심기후 2~3년 만에 수확할 수 있으나 이때에도 수량은 증가하지 않고 병해로서 피해를 입는 경우가 많으니 유념한다.

② 조제 및 건조

품질 좋은 약재를 얻으려면 조제에 숙련된 기술이 필요하다.
수확한 인경은 25g을 기준으로 대, 중, 소로 구별하며, 조제용으로는 25g 정도의 크기가 적당하다. 조제용을 제외한 증식용은 고구마 저장굴 같은 곳에 마르지 않도록 저장했다가 9월에 아주심기한다.

·조제방법

㉠ 구의 크기에 따라 선별하여 물에 외피가 벗겨질 때까지 깨끗이 씻는다.
㉡ 인경 20kg에 2ℓ비율로 모래를 넣고 소량을 첨가해 20분 정도 회전시켜 껍질을 완전히 벗긴다(회전기가 없는 곳에서는 통에 넣고 나무로 젓는다).
㉢ 모래를 씻어내고 물기를 없앤다.
㉣ 인경 300kg에 석회분말 20kg을 살포해서 잘 혼합하여 5분간 회전시킨다.
㉤ 멍석에 쌓은 후 30시간 정도 그냥 두는데 변질하면 햇볕에 널어 말려야 한다. 건조는 될 수 있는 대로 단시일에 해야 하며, 일반적으로 햇빛에서는 6~7일의 시간이 걸린다. 충분히 건조한 것은 인경의 표면에 붙어있는 석회가 백색으로 변하며 흑변 또는 회색으로 된 것은 상품으로 가치가 없다. 10a당 수량은 건조품으로 200kg 정도다.
생구에 대한 건조비율은 30% 정도이며 저장할 때 습기에 주의한다.

24 지모

영명
Anemarrhenae Rhizoma

학명
Anemarrhena asphodeloides Bunge

과명
지모과 Haemodoraceae

+ 약용부위 근경

01 성분 및 용도

① 성분

사포닌, 기산돈배당체, protocathechuic acid, 비타민류 등을 함유하고 있다.

② 용도

해열, 소염, 진정, 이뇨약, 지사약으로 쓰인다.

③ 처방(예)

계작지모탕, 산조인탕, 자음강화탕, 소풍산, 백합지모탕 등으로 처방한다.

④ 방약합편(황도연 원저)

미고하다. 신열, 갈증을 없애고 골증, 발한, 기침을 멎게 한다.

02 모양

중국이 원산지며 지모과에 속하는 여러해살이풀이다. 우리나라 전역에서 재배 가능하다.

지모는 초세가 강하고 추위에 강한 풀로 근경이 옆으로 뻗고 잎은 가늘며 길다. 잎은 뿌리에서 총생하며 좁은 선형을 이루고 잎 끝으로 갈수록 좁아진다.

5~6월 총생한 잎 안쪽에서 약 1m의 높이의 꽃대가 나오고 이삭꽃차례로 담자색꽃이 드물게 핀다.

삭과는 긴 둥근꼴로 검은색이다.

03 재배기술

재배력(수간이식재배)

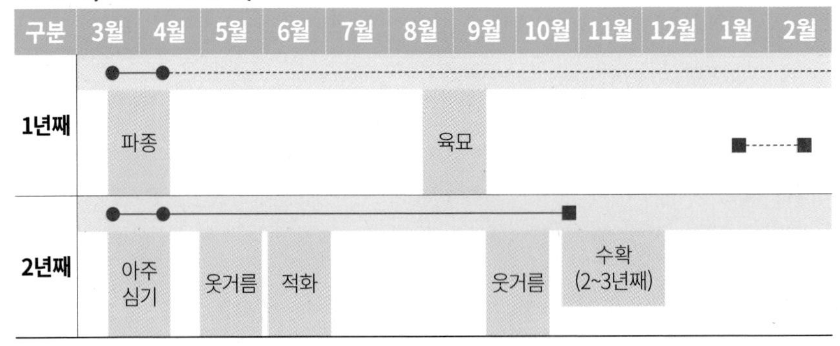

1) 적지

① 기후

지모는 초성이 매우 강하여 우리나라 어느 지방에서나 재배할 수 있으나 중·남부 지방에서 재배하는 것이 성장 속도나 수확량 등에서 유리하다.

② 토질

배수가 잘 되고 부식질이 많은 비옥한 참흙 또는 모래참흙에서 가장 잘 자란다. 개간지 또는 초생지 등에서도 잘 자라지만, 이어짓기를 하거나 산성땅에서는 성장이 더디다.

2) 채종

채종을 위해 무병하고 건실한 2~3년생 포기를 고르고 바람이 잘 통하고 해가 잘드는 동남향 밭에 심는다. 비료는 완숙퇴비, 깻묵, 닭똥을 주며 이랑나비 45cm, 포기사이 25cm 내외로 심는다. 본포에 아주심기한 2~3년생의 건실한 포기에서도 채종할 수 있다. 보통 6월 중순경에 개화하기 시작하며 꽃대가 자람에 따라 아래쪽부터 결실이 이뤄지며, 위에서는 꽃봉오리가 나 그곳에서 꽃이 피어오른다. 보통 8월 중·하순경에 대부분 결실하지만 밑부분의 것만 손으로 훑어 채종한다. 채종한 것은

2~3일 동안 햇빛에 말려 저장한다. 33㎡(10평 정도)의 땅에 심은 2~3년생 모주에서 1.5~1.8kg 정도의 씨를 채종할 수 있다.

3) 번식

지모의 번식은 종자와 포기나누기로 한다.

① 종자번식

모판만들기 및 파종

㉠ **모판면적 :** 10a당 33~49㎡(10~15평)가 적당하다.

㉡ **모판비료(3.3㎡당) :** 퇴비 4kg, 복합비료 400g이 적당하다.

㉢ **파종량 :** 1ℓ정도이며 파종 후 흙덮기는 1.5cm 정도로 얕게 둔다.

㉣ **짚 덮어 주기 :** 파종 후 습기 보존 및 빗물에 의해 흙이 굳어 지는 것을 막기 위해 짚이나 잡초를 덮어 준다.

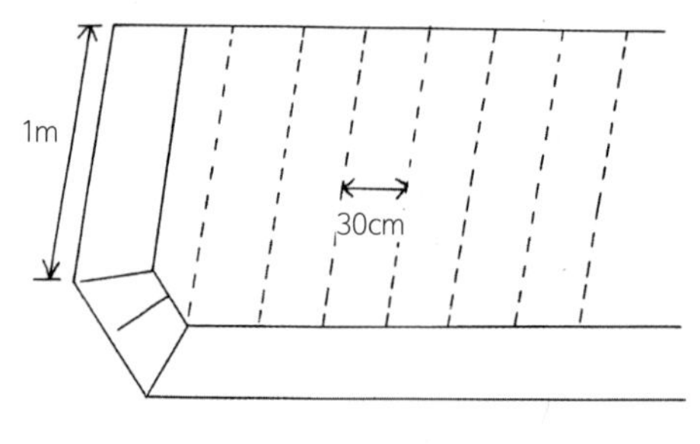

〈그림1〉 모판만들기

② 포기나누기법

종자번식보다 쉽고 수확기가 빠르며 비용 부담이 적다.

·방법

가을 휴면기에 발육이 좋은 포기를 골라 파서 포기를 쪼개는데 이때 삭눈이 2~3개쯤 붙게 하여 쪼개 심는 것이 요령이다. 10a당 종근의 소요량은 200~300kg 정도이고, 종근 한 개의 무게는 15~20g 정도가 적당하다.

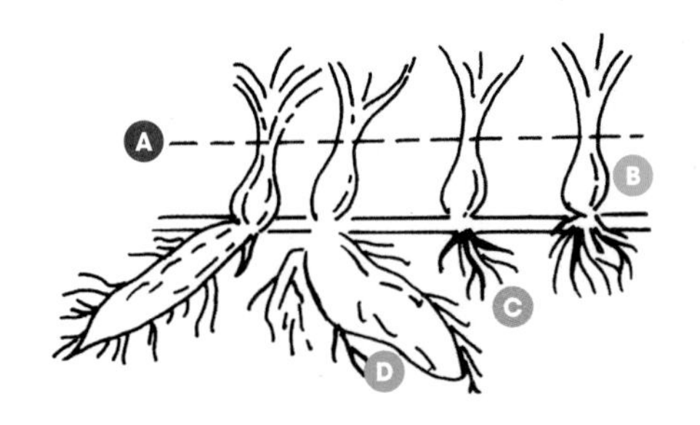

〈그림2〉 지모포기 나누기법

4) 아주심기

① 정지

밑거름은 정지하기 전 전층 시비하고, 그 다음 심는다.

② 심는시기

3월 하순~4월 상순이 적기다.

③ 재식거리

두둑 높이를 15~20cm, 골 깊이를 5cm로 판 다음 이랑나비 40cm, 포기사이 20cm로 심는다. 흙덮기는 2cm 정도가 적당하다.

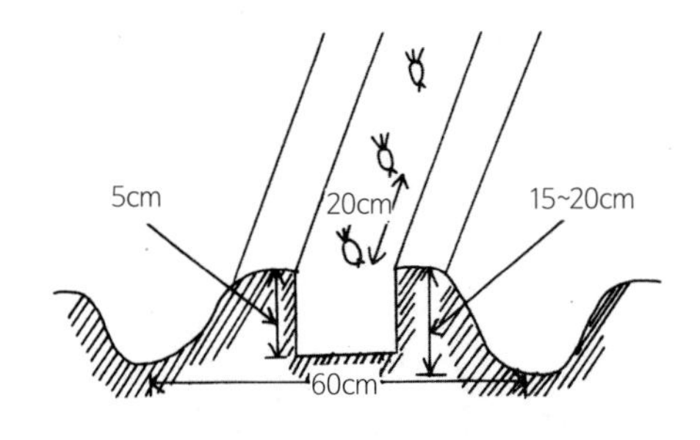

〈그림3〉 두덕짓기 및 심기

④ 거름주기

초생지나 척박한 땅에 심을때는 밑거름을 주어야 하며, 밑거름을 주고 4~5주일이 지난 후 완숙 인분뇨를 물에 묽게 타서 1~2회 웃거름으로 시용한다. 특히 인산 칼리비료를 충분히 주어야 한다.

<표1> 지모의 시비량

(kg / 10a)

구분 종류	전량	밑거름	웃거름	
			1회(5월중)	2회(9월초)
퇴비	750	750	-	-
용과린 또는 용성인비	37	37	-	-
초목회	56	56	-	-
인분료	750	-	375	375

5) 주요관리

① 화경제거

5~6월경에 꽃대가 올라오면 서둘러 자른다.

② 제초 및 배토

김매기는 배토를 겸하여 2~3회 실시한다.

6) 수확 및 조제

① 수확

아주심기 후 2~3년째 늦가을부터 다음 해 봄 발아 전까지가 수확 적기다. 줄기와 잎이 시들면 뿌리가 상하지 않게 캐서 흙을 잘 털어 수확하는데 시기가 맞지 않으면 가공 조제한 약재가 조잡해지고 물에 깨끗이 씻기가 힘들다.

② 조제

근경을 10~15cm로 자른 다음 잔뿌리, 잎, 꽃대 등을 제거한다. 맑은 물에 씻어서 말리는데 물에 오래 두면 품질이 떨어지니 주의한다. 수량은 10a당 육묘이식재배 2년째는 150~180kg, 3년째는 450~550kg 정도 거둘수 있고 포기나누기 재배 1년째는 250~300kg, 2년째는 500~600kg 정도 수확할 수 있다.

25 오미자

영명
Schizandrae Fructus

학명
Schizandra Chinensis Baillon

과명
목련과

+ 약용부위 과실

01 성분 및 용도

① 성분
과실에 산성물질은 유기산과 그 외 당점액질 등을 함유한다.
정유 중 α-chamigrene과, β-chamigrene을 주성분으로 한다.

② 용도
기관지 보호, 당뇨 예방, 기력 회복 등에 쓰인다.

③ 처방(예)
소청용탕, 맥문동음자, 청폐탕 등으로 처방한다.

④ 방약합편(황도연 원저)
미산하면 성온하다. 지갈시키는 작용을 하며 오래된 해소와 허로, 금수의 부족을 다스린다.

02 모양

산지 계곡에 자생하며 가을에 잎이 낙엽으로 지는 덩굴성 나무다.
잎은 호생하며 넓은 타원형, 긴타원형 또는 달걀꼴로 길이는 7~10cm, 넓이는 3~5cm까지 큰다. 뒷면의 맥상을 제외하고는 털이 없다.
가장자리에 가는 치아상 톱니가 있으며 엽병의 길이는 1.5~3cm정도다.
꽃은 2가화로 약간 붉은 빛이 도는 황백색이다. 지름은 1.5mm로 화피는 6~9개이며 길이는 5~10mm로서 난상 긴 타원형이다. 수술은 5개이며, 암술이 많다. 꽃이 핀 다음 화탁이 길이 3~5cm로 자란다. 열매는 수상으로 달리고 홍색으로 익는다.
열매는 구형 또는 도란상 구형이고 길이가 6~12mm로서 1~2개의 종자가 들어있는데 신맛이 강하다. 오미자를 말리면 검은색을 띤 진홍색으로 변하고 쭈그러진 주름이 생긴다. 양질의 오미자는 수정모양으로 약간 투명한 감이 있으며 누글누글하고 오미자만의 독특한 향기가 강하게 난다.

03 재배기술

재배력

구분	3월	4월	5월	6월	7월	8월	9월	10월	11월	12월	1월	2월
육묘	파종 및 분주							분주			■	■
아주심기	아주심기		지주 세우기					아주심기 ■	수확(3년째)			

1) 적지

① 기후

우리나라 전역에 재배가 가능하나 가장 이상적인 곳은 반음지로서 바람이 잘 들지 않아야 한다. 서북향의 서늘하며 경사도가 낮은 곳이 좋다.

오미자나무는 가지가 가늘기 때문에 강풍에 약하다. 자연분포 상황을 보더라도 강한 바람이 불지 않는 계곡에서 결실이 잘 되는 것을 알 수 있다. 그러므로 방풍림이 있어 센바람을 막아 주는 곳이 가장 이상적이다. 또한 햇빛이 내리쬐이는 곳의 오미자나무를 7~8월에 조사해 본 결과 잎끝이 마르고 시들시들한 것을 볼 수 있었는데, 이로 인해 열매가 떨어지는 것은 물론 나무 자체가 죽을 위험이 있으니 절대 피해 심는 것이 좋다.

② 토질

배수와 통풍이 잘 되며 부식질이 많고 적습한 사질양토가 알맞다.

오미자나무는 세근성 식물이므로 한발지대에서는 잘 자라지 않으니 조심한다. 오미자나무는 호기성 식물이어서 뿌리가 땅 속 깊이 들어가지 않고 지하 3cm 내외에서 옆으로 뻗어자라기 때문에 뿌리가 마르기 쉽다.

따라서 건조한 곳에 심은 경우 심었을 때는 짚이나, 낙엽 등으로 뿌리를 덮어 주면 마르는 것을 방지할 수 있다.

Ⓐ **나무**

오미자(북) : 잎 뒷면 맥상에 흰털이 있다.

개오미자 : 잎 뒷면에 흰털이 없다.

Ⓑ **열매**

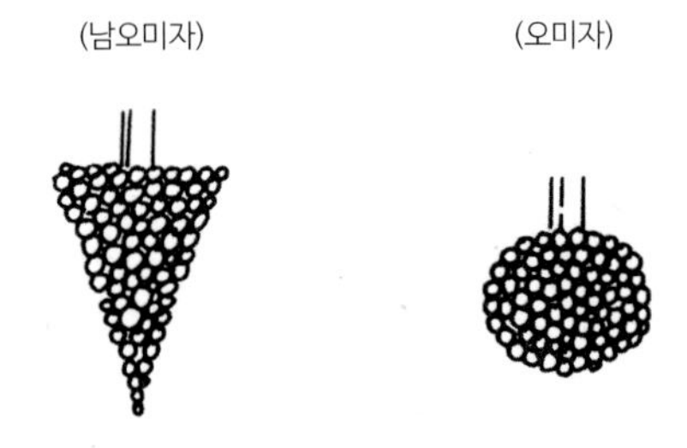

〈그림1〉 품종 비교

흑오미자는 생육이 왕성하나 오미자(북)는 뿌리가 가늘어 육묘 및 이식 재배가 어렵다고 하는데 육묘할 때와 아주심기할 때 해가림을 해 주면 활착이 잘 이루어진다. 묘목은 붉은 열매가 열리는 오미자(북) 나무를 삽목 또는 분주한 것, 실생번식한 것을 구입 재배하는 것이 좋다.

성분 용도상으로는 별다른 차이가 없으나 수출 및 품질면에서 권장할 만한 품종은 오미자(북)이다.

3) 번식

종자, 삽목, 분주법, 휘묻이법 등이 있으며, 종자번식은 다른 번식에 비해 수확까지 1년이 더 걸려 삽목번식이 주를 이룬다.

분주법을 적용하기 힘들어 단기간에 많은 묘목을 생산할 수 없으므로 삽목과 종자번식을 많이 이용한다.

① 삽목법

삽수는 지하로 뻗는 전년생 줄기와 지상으로 뻗는 전년생 줄기 중에서 충실한 것을 골라 쓴다.

Ⓐ 삽수의 채취

자극에 민감하므로 삽수가 상하지 않도록 조심한다.

지하경과 덩굴이므로 잡아당기기 쉬운데 절대로 잡아당겨서는 안된다.

줄기는 1m 정도로 채취하고 채취한 삽수는 비닐주머니에 넣어서 운반한다. 운반한 줄기는 서늘한 곳에 이끼로 덮어주면 4~5일 정도 보관할 수 있다. 신장부분 40~50cm는 연약해 삽수로 쓰지 않는다.

지상, 지하경을 막론하고 눈이 튼튼하며 자람이 고른, 건실한 것을 이용하는 것이 좋다. 눈과 눈, 마디와 마디 사이가 짧게 자란 것이 바람직하다.

Ⓑ 삽수의 길이

20~30cm 길이로 절단한 삽수는 마디 밑 1cm 내외에서 절단부의 하편을 45도 각도로, 반대편은 15도 각도로 자르는데 목질부가 약간 끊어질 정도로 자른다.

Ⓒ 삽목의 시기

봄 3~4월과 가을 10월이 적기이다.

Ⓓ 삽목 방법

지상경은 눈이 한개 정도만 보일 정도로 남긴 후 전체를 묻는다.

지하경은 약간 경사지게 한 다음 2cm 이내에서 전체를 묻는다.

Ⓔ 삽상

모래, 마사, 부엽토 등 어느 것을 택하여도 좋다.

삽목 후에는 비닐하우스나 비닐터널을 설치하고, 삽목 후 활엽수잎 또는 짚으로 덮는다.

Ⓕ 삽수처리

지상경은 산 및 탄닌 등의 발근 억제물을 제거하기 위하여 맑은 물에 꼬

박 하루 이상 담근 후 삽목한다.
물이 맑지 않거나 24시간 이상 담가두지 않으면 뿌리가 잘 자라지 않으니 주의해야 한다.

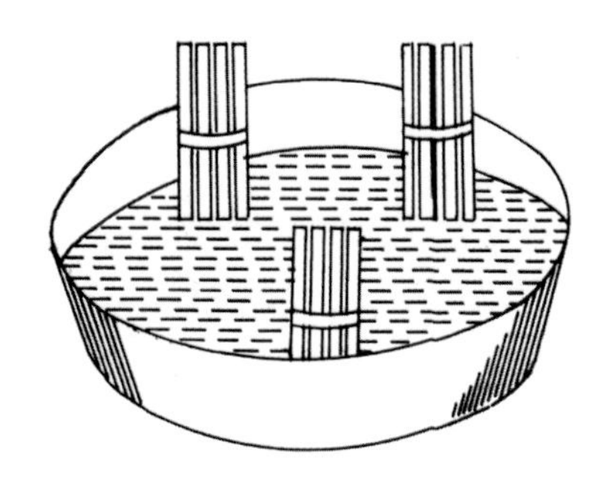

〈그림2〉 삽수처리

Ⓖ 삽목 후 관리

삽목 후 충분히 물을 준다.
관리상 가장 중요한 것은 해가림으로 햇빛이 40% 정도 들도록 하는 것이 이상적이다.
지면이 마르지 않도록 물을 주고 발근 후에는 서서히 해가림을 조정해서 마지막에는 햇빛이 60% 정도 들도록 한다.
9월 하순경에는 해가림을 완전히 제거한다.

② 종자번식

채종한 종자는 그늘에서 말린 다음 노천매장한다.
노천매장 장소는 양지 쪽 따뜻한 곳으로 하고 60cm 정도의 깊이로 판 다음 건사와 섞어 묻는다.
봄이 되면 파낸 후 종자와 모래를 섞어 문지르고 맑은 물에 깨끗이 씻어서 종피 및 불순물을 완전히 제거한다.
파종은 모판을 잘 정리하고 종자의 크기 2.5배로 얕게 묻은 다음 짚 또는 건초로 덮는다. 파종 후 모판을 잘 정리하고 종자 크기의 약 2.5배로 얕게 묻은 다음 짚 또는 건초로 덮는다.

파종 후 모판이 마르지 않게 주 1회 정도 물을 준다.

발아는 7월 상·중순부터 시작하며, 발아한 그해 60~70cm 정도 자라고 곁줄기도 자란다.

모판 거름주기는 8월까지만 한다. 그 이후로 계속 거름을 주면 겨울 생육지 끝부분이 전부 고사하기 때문에 주의한다.

③ 분주법

분주는 전년도 비배관리를 잘한 충실한 모주로 한다. 모주를 분주할 때는 서로 상하지 않도록 조심스럽게 작업을 하고, 분주한 것은 지상 30~50cm 정도로 자르는 것이 운반과 관리에 도움이 된다.

④ 휘묻이

전년생 줄기를 땅에 휘어 묻어 뿌리가 자라도록 한다.

휘묻이 시기는 5~6월 사이 또는 휴면아가 활동을 시작하는 봄이 좋다.

휘묻이 방법에는 보통법, 파형법 등이 있으며 두 방법 모두 사용 시기에 아무 문제가 없다.

휘묻이법은 결주 보식에 주로 쓰인다.

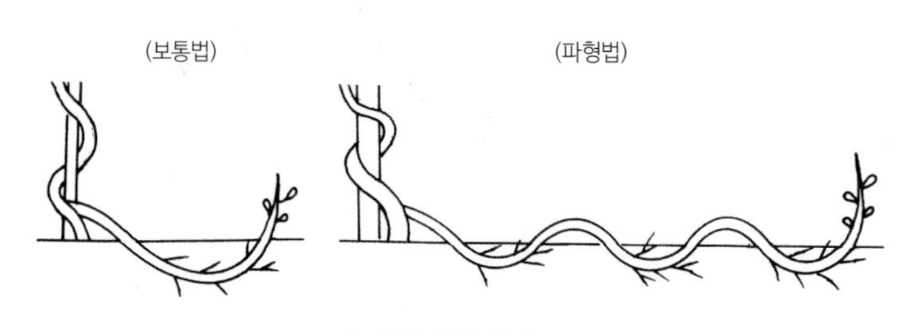

〈그림3〉 휘묻이법

4) 아주심기

① 묘목을 캘 때 주의점

㉠ 오미자나무는 땅 속으로 뿌리가 깊이 들어가지 않고 지하경을 중심으로 양쪽 털뿌리가 15cm 안쪽으로 자란다.

지하경의 길이가 5~6m에 달하는 것도 있다.

㉡ 뿌리가 특히 가는 극세뿌리로 당기거나 약한 접촉 있어도 상처가 난다.

㉢ 뿌리 끝은 실모양으로 부들부들 해서 공기나 햇빛에 노출되면 쉽게 마를 수 있으니 조심한다. 즉, 외부에 대한 저항력이 약하다.

㉣ 땅속 줄기가 사방으로 넓게 뻗어 뿌리 전체를 이식할 수 없다. 그러므로 대나무처럼 몇 개씩 절단하는 것이 좋다.

㉤ 모주에서 분주할 때 지하줄기 1~2본을 중심으로 해서 60cm 정도 되게 여러 포기로 나눈다.

㉥ 삽목묘는 그대로 캐어 심는다.

㉦ 실생묘의 경우 곁줄기가 많이 나오니 복잡한 것은 자르고 1~2본만 남긴다.

㉧ 휘묻이한 것은 줄기 1본을 중심으로 40~50cm 정도로 잘라 여러 개로 나눈다.

㉨ 캐내기 작업이 끝난 것은 잠시라도 뿌리가 마르지 않게 덮어 주어야 한다.

㉩ 멀리 수송할 때는 즉시 이끼로 뿌리를 싸서 완전 포장을 해야 한다.

㉪ 캐낸 것은 즉시 아주심기하는 것을 원칙으로 하되 시일이 오래 걸릴 경우 즉시 가식한다. 바로 아주심기할 때에도 뿌리가 마르지 않도록 비닐 또는 거적으로 음지에 덮어 놓고 한 주씩 꺼내 심는다.

② 아주심기시기 및 재식거리

Ⓐ 시기

봄 3월 하순과 가을 10월 하순이 적기다.

Ⓑ 재식거리

재식거리는 토실, 지형에 따라 다르나, 일반적으로 사방 1~1.2m, 또는 수간의 거리를 60cm 간격으로 3열 배식하고 이랑나비를 180cm로 해 심기도 한다.

© 외자나무 거름주기

<표1> 오미자나무 시비량

(kg / 1구덩이)

구분 / 종류	시비량
완숙퇴비(부엽토)	3
깻묵	0.5
계분	1

웃거름은 2년째 되는 6월 중·하순과 8월 상·중순 2회에 걸쳐 포기당 완숙퇴비4kg, 복합비료 50g을 두 번 나누어 준다. 이때 웃거름은 나무 옆을 돌려파고 시용하고 나무가 자람에 따라 시비량을 조금씩 늘려준다.
나무를 심은 후 뿌리 근처를 밟지 않도록 하고 호미로 흙을 약간 진압시켜준 다음 물을 주어 뿌리와 흙이 밀착하도록 한다. 밟으면 뿌리가 끊어지고 상하기 쉬우니 조심한다. 물을 준 다음 짚 또는 낙엽, 퇴비로 지면이 보이지 않을 정도로만 덮어 준다.
가능하면 해가림을 해주는 것이 활착률이 높다.
천근성이기 때문에 심을 때 절대로 깊이 심어서는 안된다.
심는 깊이를 4~5cm 이내로 하고 흙덩이를 잘 부수어 얕게 덮는다. 깊게 심으면 활착이 떨어지고 생육이 눈에 띠게 더디다.

5) 주요관리

① 중경 및 제초

아주심기 후는 중경 및 제초를 수시로 하되 뿌리부분에 자극이 가지 않도록 조심해야 한다.

② 지주세우기

오미자나무의 덩굴은 뻗어 자라는 성질이 있어 50cm이상 자라면 포도밭 지주시설처럼 기둥을 세면이나 철재로 하고 그 위에 철사를 연결하여 덩굴을 묶어 준다. 이 방법은 대규모 재배 시에만 적합한 방법으로, 소규모 재배 시에는 대나무 같은 지주를 알맞은 간격으로 꽂아 철사로 연결한 다음 덩굴을 묶어 주면 생육 및 개화 결실에 도움이 된다.

지주 없이 그대로 땅에 깔아 놓은 채 자라게 하면 통풍 및 햇빛 쬐임이 나빠서 도장하고 개화 결실량에서 확연히 그 수가 줄어든다.

③ 낙과방지

Ⓐ 토양에 의한 낙과방지

산성 토양에서는 성장이 더디므로 pH5~6을 초과할 경우 재배하지 않는 것이 좋다. 중성 토양에서 재배하는 것이 적합하다.

배수와 통기성이 떨어지면 낙과가 많으며 마르고 부식질이 적은 땅도 낙과가 많다. 낙과방지를 위해서 적지선택에 특별히 주의해야 한다.

Ⓑ 양분의 결핍에 의한 낙과방지

열매를 맺고 반만 큰 채 낙과하면 마그네슘 결핍으로 보아야 한다. 이 증상은 6월 하순경부터 나타나는데 잎에 짙은 황갈색의 반점이 생긴다.

예방책으로는 개화 전 2~3주 사이에 고토생석회액을 지면에 뿌리거나 심은 후 2~3년이 되면 10a당 마그네슘 5~6kg, 생석회 20kg을 잎에 묻지 않도록 한 번만 주면 된다.

붕소 결핍에서 오는 낙과는 꽃이 피어도 결실이 잘 안되고 결실이 되어도 열매가 적으며 열매가 반 이상 떨어지는 것으로 이의 증상은 잎에 황갈색의 반점이 생기는 것과, 특히 엽맥의 발달이 처지고 위축현상되는 것이니 주의해서 살펴야 한다. 이와 같은 증상이 6월 중·하순경부터 나타나는데 5월 상순 붕소 및 생석회액을 지면에 뿌리거나 2~3년에 한 번씩 10a당 붕사 3~4kg을 뿌려 주면 된다.

Ⓒ 환경조건에 의한 낙과

7~8월에 장마 때 습기가 많거나 해가 적게 들고, 태풍이 부는 등 각종 기후환경에 따른 낙과가 심하니 적절한 대책을 세운 후 오미자나무를 심어야 한다.

④ 전지

Ⓐ 결과습성

대체적으로 덩굴성식물은 심은 그해 열매를 맺는 것이 많으나 오미자는 전년생 줄기에서 열매를 맺는다.

일반적으로 포도처럼 전지해 주는 것으로 알려져 있지만, 포도는 당년생 신초에서 열매를 맺고 오미자 나무는 전년생 나무에서 열매를 맺으니 포도나무의 전지법과 확실히 구분해서 알아두어야 한다.

오미자나무의 전지 방법을 쉽게 설명하면 첫째, 복잡한 가지 제거 둘째, 죽은 가지 제거 셋째, 땅에 불필요한 번식지 순으로 전지하는 것이다.

즉, 눈의 상태와 줄기의 발달 또는 비대생육 상황을 판단하여 약한 가지를 제거하고 충실한 줄기를 남기면서 가지치기를 한다. 이때 수세의 조화를 충분히 생각하면서 전지하면 통풍이 원활해져 수확량이 늘어나는 결실을 맺을 수 있다.

오미자는 마디 마디 열매를 맺으므로 관리만 잘하면 예상보다 많은 열매가 달려 수확량을 배가할 수 있지만, 수년동안 열매를 수확하면 노목이 돼 포도처럼 햇줄기로 대처해 주어야 하므로 항상 왕성한 수세를 유지토록 전지에 신경을 쓴다.

열매를 많이 맺는 줄기는 매년 풍산을 가져오는 자산이 되므로 특별히 관리해 주는 것이 좋다.

전지할 때는 심어야 할 예비지를 늘 염두에 두고 실시한다.

기타 여름철이 되면 도장지 및 무수한 번식지가 발생하므로 과감하게 자르고, 늘 수세를 회복시켜 열매를 맺도록 해야하는 것을 항상 유념한다.

⑤ 병충해 방제

Ⓐ 병해

㉠ **녹병 :** 잎 후면에 녹이 슨것처럼 병반이 나타난다.

심하면 낙엽이 돼 떨어진다.

녹병은 8월에 발생하므로 7월 하순경 4-4식 보르도액을 뿌려 주면 좋다.

㉡ **갈반병 :** 잎에 갈색의 반점이 생기고 뒷면에도 갈색 또는 곰팡이 모양의 물체가 엉키다가 심하면 낙엽이 되면서 잎이 마른다.

발병은 6월 중·하순부터 시작되므로 6월 상순경 유황합제 100배액을 뿌려 준다.

㉢ **뿌리썩음병 :** 잘 자라는 나무와 달리 잎 색의 윤택이 가시면서 약간 시들어가는 느낌이 오면 즉시 캐내어 제거하고 토양소독을 실시해 다른 곳으로 전염되지 않도록 한다.

Ⓑ **충해**

㉠ **응애 :** 줄기, 잎 등에 발생하며 수액을 빨아 먹으며 수세를 약화시킨다. 심하면 나무가 부분적으로 말라 죽는데 살베제를 뿌려 주면 구제가 되나 살비제를 매번 바꿔 뿌려 주어야 하니 주의해 관리한다.

6) 수확 및 조제

① 수확

아주심기 후 생장이 좋은 것은 2년째부터 열매를 맺지만, 열매를 빨리 수확한 나무는 일찍 제거함을 원칙으로 한다. 본격적인 수확기에 들어서는 것은 3년째부터다.

성숙해 완전한 열매를 맺는 시기는 5년째부터이므로 재배계획을 세울 때는 이런 점을 감안해 심는다.

Ⓐ **수확의 시기**

9월 상순부터 10월까지가 적기다.

오미자는 중생, 만생종이 있으므로 붉게 익은 상황을 보아서 수확기를 결정하는 것이 좋다.

채 여물지 않은 오미자를 수확하면 말린 후에도 상품가치가 떨어지고 무게도 가벼워 손해를 보게 된다.

수확하는 날은 맑은 날을 택하되 아침 이슬이 갠 다음 열매에서 물기가 모두 날아 갔을 때 수확하는 것이 품질면에서 좋다.

Ⓑ 수확량

기후, 토질, 관리 등에 따라 다르나 주산지(장수군 계내면)의 경우 4년생은 10a당 270kg, 3년생은 120kg 내외의 수확량을 거둬들였다.

② 조제

수확한 열매는 넓게 펴 음지에 말린다.

건조 도중 비를 맞히면 안된다. 물기가 있으면 썩거나 곰팡이가 생겨서 색도 좋지 못하고 품질도 떨어진다.

건조한 오미자는 약간 흑색을 띠나 색은 더 선명해지고 독특한 향이 나는데, 완숙한 오미자는 오랫동안 말려도 누글누글하고 부드러우며 촉감이 좋다.

햇빛에 말릴 경우 약 1주일 정도 말리는 것이 적당하다.

만일 건조실 또는 건조기를 이용해서 말릴 경우 온도조절에 항상 주의를 기울여야 한다.

건조시일을 단축하기 위해 70℃의 높은 온도에서 말리면 오미자의 색이 검게 변해 상품가치가 떨어진다.

약용작물의 건조에 알맞은 온도는 40℃ 전후가 적합하다.

말린 오미자는 종이봉지 또는 마대에 넣어 바람이 잘 통하는 곳에 보관한다. 이때 습기가 생기면 곰팡이가 발생하므로 장기 보관 시는 수시로 살피고 중간 중간 다시 말린 후 보관하도록 한다.

26 구기자

영명
Lycii Fructus

학명
Lycium chinense MILLER

과명
가지과 Solanaceae

+ 약용부위 과실(구기자), 근피(지골피)

01 성분 및 용도

① 성분

과실–베타인, 과피–Physalien, 잎–Rutin

② 용도

소염, 해열, 강장, 강정약, 간장약, 폐결핵, 당뇨병 등에 쓰인다.

구기자 술, 구기자 차를 만들어 먹기도 한다.

③ 처방(예)

인삼지골피산, 보간산 등으로 처방한다.

④ 방약합편(황도연 원저)

미감, 성온하다. 첨정, 보수하며 명목 거풍하고 양사를 일으킨다.

02 모양

농가 주변의 뚝이나 냇가 언덕에 자라는 낙엽 관목으로 청양, 진도가 우리나라 주산지로 유명하다.

원대는 비스듬히 자라면서 끝이 밑으로 처지지만 담이나 가지 등 다른 곳에 기대어 자란 것은 높이가 4m까지 자라는 것도 있다.

가지 끝에 흔히 가시가 달리나 없는 것도 있으며 작은 가지는 황회색으로 털이 없다. 잎은 엉겨 붙어 자라고 여러 개가 모여서 달리기도 한다. 중앙이 넓은 달걀꼴 피침형으로 길이는 3~8cm 정도이다.

잎의 가장자리에는 톱니가 없으며 잎자루는 길이는 1cm 정도로 털이 없다. 꽃은 6~9월에 피는데 꽃받침은 3~5개로 갈라지며 열편은 끝이 뾰족하고 화관은 자주빛이 돌며 5개로 갈라진다. 길이는 1cm정도다.

5개의 수술과 1개의 암술이 있다. 수술대는 길며 털이 있다. 열매는 달걀모양의 긴 타원형으로 길이가 1.5~2.5cm정도로 9월부터 붉게 익는다. 구기자나무의 과실, 근피, 잎 등은 모두 약재로 이용 가능하다.

03 재배기술

재배력

구분	3월	4월	5월	6월	7월	8월	9월	10월	11월	12월	1월	2월
1년째	분포 및 모판	아주심기 삽목	모판 관수					아주 심기				
2년째	석회 유황 합제 살포	살충제살포		줄기묶어주기	웃거름 압조 (휘묻이)	웃거름	수확	가지잘라주기				

1) 적지

① 기후

추위에 매우 강하며 전국각지 어디에서나 재배 가능하다.

② 토질

비옥도가 중 정도의 땅에서 잘 자라며 배수와 통풍이 잘 되는 곳이 좋다. 햇빛이 잘 드는 사질양토 또는 자갈이 섞인 땅이 적당하다.

※ 과수원 주위, 밭두둑, 산야의 개간지, 울타리 주위 등을 활용해도 잘 자란다.

2) 품종

식물학상 분류는 되어 있지 않으나 육안상 구분할 수 있는 것은 2종류로 〈표1〉과 같다.

※ 권장하고 싶은 품종은 대립종으로 모든 면에서 소립종보다 우수하다. 품질향상을 위하여 대립종을 골라 심어야 한다.

<표1> 대립종 및 소립종의 특성비교

구분 / 종류	잎	줄기	가시	과실	수량
대립종	대	굵다	없음	대	많다
소립종	소	가늘다	있음	소	적다

3) 번식

구기자나무의 번식은 삽목, 휘묻이, 분주, 종자 등 여러 가지로 구분 가능하나 삽목번식법이 주를 이룬다.

① 꺾꽂이법

Ⓐ 모판 꺾꽂이

꺾꽂이의 시기는 봄철 3~4월과 가을철 9~10월경이 적기이나 대체로 봄에 실시한다. 꺾꽂이순은 가을철에 꺾꽂이하는 경우 그해에 자란 새로운 줄기 중에서 조직이 딱딱한 연필 크기 정도의 줄기를 고르는 것이 좋고, 봄철에 꺾꽂이하는 경우에는 전년도에 자란 줄기를 골라 15~18cm의 길이로 잘라 쓰는 것이 적당하다. 모판에 꺾꽂이하며 120cm 넓이의 모판에 눈이 2~3개 지상에 나오도록 하여 곧바로 꽂기보다 비스듬히 눕혀 10cm 간격으로 꽂는다.

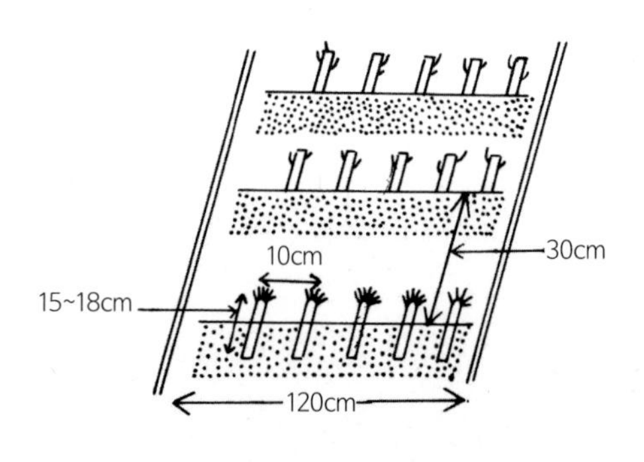

〈그림1〉 구기자나무 삽목법

꺾꽂이 후 가뭄이 계속될 때는 2~3일에 한번씩 충분히 물을 주면 100%

활착이 가능하다. 꺾꽂이 후 1~2개월이 지나면 새 뿌리가 내리는데 봄철 꺾꽂이는 그해 가을에 아주심기하며, 가을에 꺾꽂이한 것은 이듬해 봄에 본밭에 아주심기하는 것이 적당하다.

Ⓑ 본밭 꺾꽂이

본밭에 직접 꺾꽂이할 때는 봄철에 해야 한다. 가을에 꺾꽂이를 하면 활착하기 전에 겨울이 오게 되고, 월동 관리를 해야하는 관리상의 어려움이 있으므로 봄철 꺾꽂이가 좋다. 예정지가 확정되면 전년도 9~10월경 이랑나비를 120cm 간격으로 약간 두둑하게 갈아두었다가 다음 해 봄 40cm 간격으로 2본씩 꺾꽂이순을 꽂아 심는다. 그해 가을에 1본을 솎아주는데 이때 주의할 점은 반드시 적당한 습도를 유지해 주어야 활착이 잘 이루어지는 것으로 건조해지지 않도록 주의를 기울인다.

② 휘묻이

Ⓐ 시기

여름7~8월

Ⓑ 방법

충실한 신초를 땅에 묻어 두면 뿌리가 내리는데 그림과 같이 잘라서 이식한다.

※보식에 주로 쓰는 방법으로 번식에 적합하지 않다.

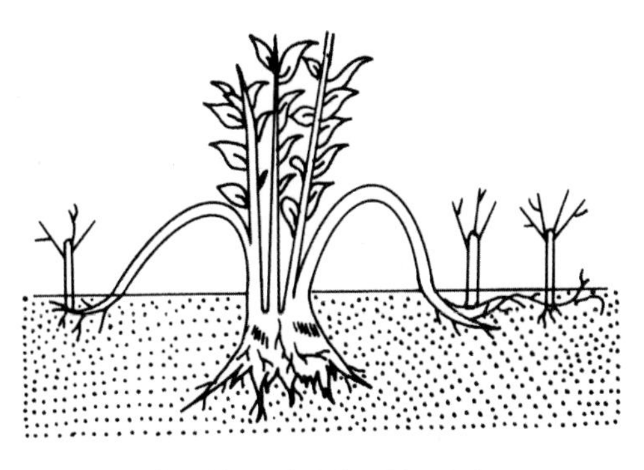

〈그림2〉 구기자나무 휘묻이법

③ 분주법

Ⓐ 시기

10월 하순

Ⓑ 방법

포기를 완전히 캐내어 나누어 심는다. 넓은 면적의 번식에는 적당치 않다.

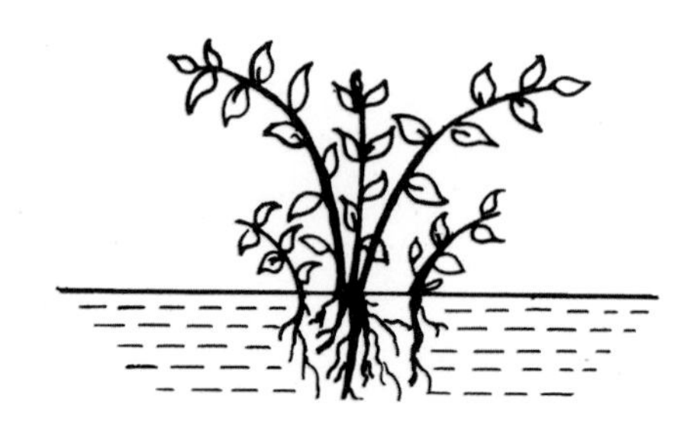

〈그림3〉 구기자나무 분주법

4) 아주심기

모판을 만들어 꺾꽂이로 기른 구기자 모를 지역에 따라 차이를 두어 아주심기한다.

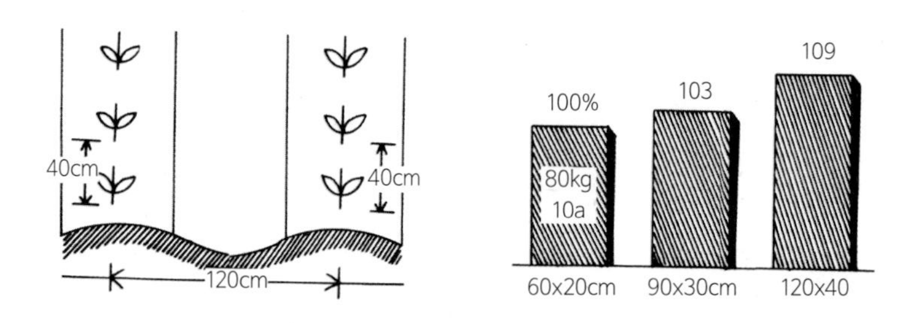

〈그림4〉 심는법

중부 이북지방의 봄심기는 4월 하순~5월 상순 경에, 남부지방은 4월 중·하순 경이 적당하고, 가을심기는 10월 하순~11월 상순에 이랑나비 120cm, 포기사이를 40cm로 간격을 맞춰 심는다.

재식밀도 시험에서 120x40cm 재식은 표준 60x20cm재식보다 증수량이

20%가량 늘어난 것을 확인할 수 있었다.

① 거름주는 양

구기자의 거름주기에서 주의해야 할 것은 질소질비료의 시용량이다. 질소질비료를 과용하면 줄기와 잎이 무성하게 자라며, 꽃눈이 나지 않아 열매를 수확할 수 없게 된다. 따라서 질소질비료는 반드시 적량을 주도록 해야 한다. 퇴비는 10a당 2,000~3,000kg이 적당하고 질소질비료는 총량 14kg을 주되 해동 후 이른 봄에 밑거름으로 10a당 8kg을 준 뒤 웃거름으로 6월 하순과 8월 중순에 각각 4kg과 2kg을 주는 것이 좋다. 인산은 10a당 13kg을 주되 밑거름으로 9kg을 주고 6월 하순에 웃거름으로 4kg을 주며, 칼리는 12kg중 8kg은 밑거름으로 4kg은 웃거름으로 인산과 함께 주는 가장 좋다. 적량의 퇴비를 적시에 주면 7월 중·하순에 구기자의 낙엽을 막고, 생육 후기까지의 수량을 높이는데 큰 도움이 된다.

<표2> 거름주는 양과 방법('78~'79 : 충남) (kg /10α)

비료명	총량	비고밑거름	웃거름	
			1차	2차
퇴비	3,000	3,000	-	-
질소	14	8	4	2
인산	13	9	4	-
칼리	12	8	4	-
주는때		땅이 풀린 후	6.25	8.15

5) 주요관리

Ⓐ 줄기 잘라 주기

줄기가 90cm 이상 자라면 끝을 잘라 준다.

Ⓑ 줄기 묶어 주기

한 포기씩 줄기 중간을 묶어 주면 관리, 수확작업에 편하다.

© 가지 잘라 주기

구기자는 새로운 나뭇가지의 끝에서 열매를 맺으니 매년 줄기를 잘라 주는 것이 좋다.

6) 병충해 방제

① 탄저병

구기자 병해중에서 가장 심한 것이 탄저병이다. 이 병을 막지 못하면 수량 감소가 엄청나기 때문에 항상 조심해야 한다. 현재 구기자 재배농가의 가장 큰 문제점은 이 탄저병의 피해이며, 재배 면적이 줄어드는 대표적인 이유 중 하나다. 탄저병은 연중 강우량이 가장 많고 평균 기온이 25℃ 전후인 7~8월에 발병이 가장 심하며, 10월 하순까지 계속 된다.

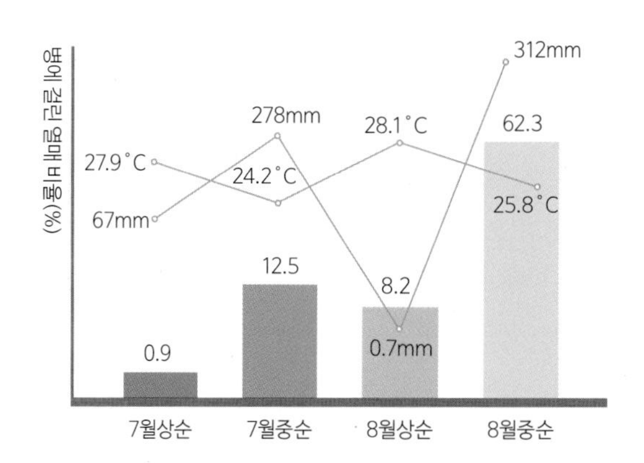

〈그림5〉 시기별 탄저병 발생 상황

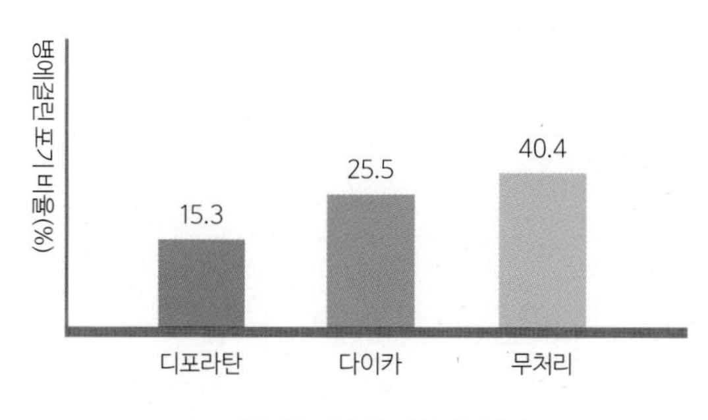

〈그림6〉 탄저병 방제약제 선발

이 탄저병의 방제약제로는 디포라탄 1,000배액을 장마 전과 직후에 뿌려 주는 것이 가장 효과적이다. 장마가 시작하기 전에 2~3회 뿌려주고, 장마 후에도 자주 뿌려 주어야 완전 방제가 가능하다.

② 구기응애

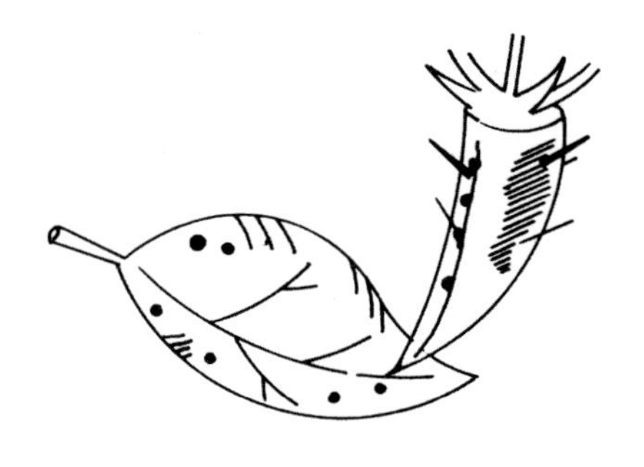

〈그림9〉 구기응애

새 잎이 나기 시작하는 4월 하순, 잎의 뒷면부터 시작해 벌레혹을 형성하는데 아랫잎부터 황록색으로 변하면서 낙엽이 되어 잎이 떨어진다.
방제약제는 토락이 가장 좋으며, 3월 중순, 4월 중순, 5월 상순 등 3번에 걸쳐 뿌린다. 생육초기에 예방위주로 살포하는 것이 효과적이다.

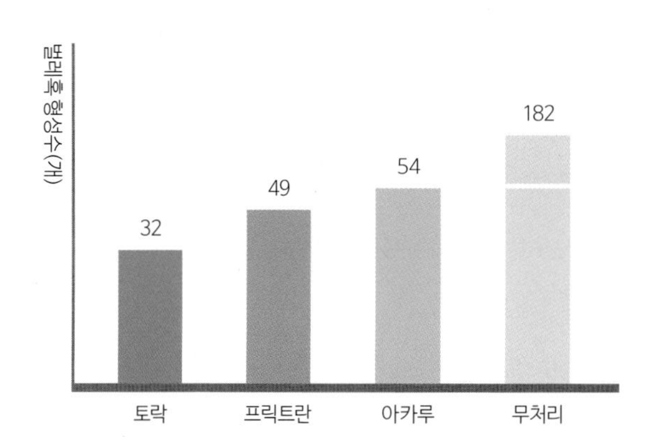

〈그림7〉 구기응애 방제 약제 선발

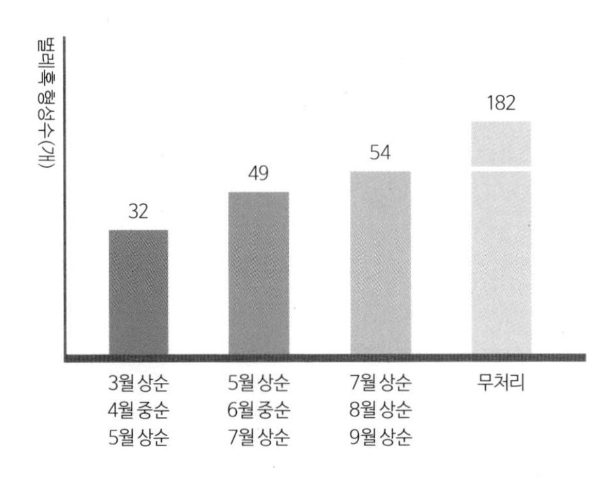

〈그림8〉 구기응애 약제 살포시기

7) 수확 및 조제

① 수확

9월~11월 사이에 구기자가 익는 대로 수확한다.

② 조제

열매 말리기는 햇빛과 화력으로 할 수 있으나 화력으로 할 때는 온도의 조절을 잘못하면 빛깔이 검게 되어 품질이 떨어지니 조심한다.

건조할 때 잘못 뒤적거리면 열매가 전부 터져서 상품가치가 떨어지므로 주의해야 한다.

10a당 수량은 아주심기 후 3년생에서 건조품 180~250kg 정도다.

8) 나무의 갱신

구기자나무는 매년 낮춰베기를 하기 때문에 10년이 넘으면 나무가 쇠퇴하여 수량이 점점 떨어지므로 뽑아낸 후 바꿔 심어야 한다.

27 산수유

영명
Corni officinalis Fructus

학명
Cornus officinalis SIEB et ZUCC

과명
산수유과 Cornaceae

+ 약용부위 과피

01 성분 및 용도

① 성분

결정성 유기산, 몰식산, 능금산, 주석산 등을 함유한다.

② 용도

자양, 강장, 보신, 도한, 동통 약으로 쓰인다.

③ 처방(예)

팔미환, 대삼오칠산, 팔미지황환 등으로 처방한다.

④ 방약합편 (황도연 원저)

성온하다. 신허를 다스리며 고정하고 요슬을 덥게 하고 이명을 고친다.

02 모양

산수유과에 속한다. 중부이남에서 재배하는 낙엽교목으로 높이가 7m에 달하며 수피는 담갈색으로 벗겨지기도 한다. 작은 가지에 짧은 털이 있으나 떨어지며 분녹색이 돌고 겉껍질은 벗겨진다. 잎은 대생하며 난형, 긴난형, 타원형으로 길이 4~12cm 넓이 2.5~6cm까지 자라고 톱니가 없다. 표면은 녹색으로 적은 양의 털이 누워 자란다. 뒷면은 담록색 또는 흰빛이 돌며 표면보다 털이 많고 엽맥이 갈라지는 곳에 갈색 밀모가 난다. 엽병은 5~15mm로서 털이 있다.
산형화서로 20~30개의 노란꽃이 달린다. 꽃은 잎보다 먼저 피며 양성으로 지름이 4~5mm이고 소화경의 길이가 6~10mm이다. 꽃받침은 4개로 꽃받침통에 털이 있다. 꽃잎은 피침상 삼각형으로 길이는 2mm, 화주의 길이가 1.5mm이다. 열매는 긴타원형으로 길이가 1.5~2cm이며 붉게 익는다. 종자는 타원형으로 줄이 졌고 꽃은 3~4월에 피며 열매는 8월에 익는다. 매화에 이어 꽃이 바로 피기 때문에 정원수로도 인기다.

03 재배기술

재배력

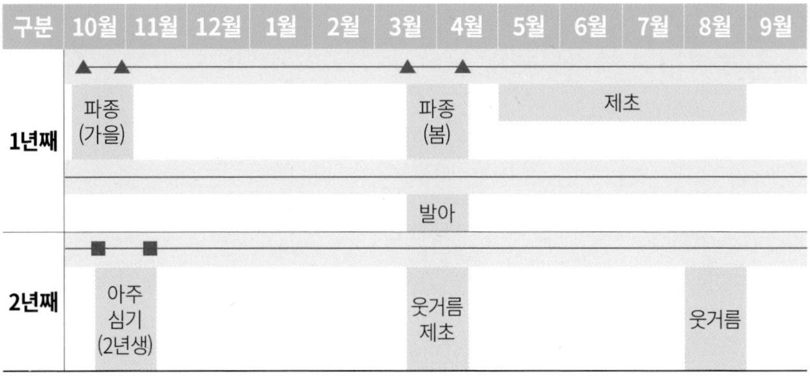

구분	10월	11월	12월	1월	2월	3월	4월	5월	6월	7월	8월	9월
1년째	파종 (가을)					파종 (봄)		제초				
						발아						
2년째	아주 심기 (2년생)					웃거름 제초					웃거름	

1) 적지

① 기후

내한성이 강한 식물로서 중부지방에서도 재배하나 남부지방에 재배하는 것이 유리하다.

산수유나무는 양수로서 그늘진 곳보다 양지바른 곳에 심는 것이 좋고, 특히 이른 봄에 개화하여 수분작용을 하기 때문에 서북풍이 막힌 경사분지로서 한파가 없는 곳이 가장 적당하다.

산수유나무는 동네 집주변에 심고 연기를 풍기지 않으면 열매가 맺지 않는다는 말이 있는데, 그 이유는 연기에 의하여 공기가 교란하여 서리의 피해를 막을 수 있기 때문으로 여겨진다.

② 토질

토양은 별로 특별히 가리지 않으나 배수가 잘 되고 부식질이 많은 모래참흙 또는 자갈섞인 참흙에서 잘 된다. 육묘를 할 때에는 되도록 좋은 토양을 택해 재배한다.

2) 번식

산수유나무 번식은 주로 종자로써 이루어지는데 삽목과 접목도 가능하나 뿌리 발육과 활착률이 매우 낮다.

① 파종시기 및 종자저장

파종은 채종하여 바로 하는 것이 좋다.

여름에 채종한 것은 과육을 벗겨 약용으로 하고 종자는 즉시 땅속에 묻어 두었다가 그해 가을에 파종한다.

다음 해 봄에 파종할 수도 있으나 발아는 어느 쪽이나 1년 지난 그 이듬해 봄에 한다. 이와 같은 종자를 장기휴면종자라고 한다.

종자는 서늘하고 건조하지 않은 곳에 1년간 묻어두었다가 싹을 틔워서 파종하기 때문에 심은 그해 발아하게 되므로 유리하다. 흙덮기는 2cm 정도가 좋다.

② 파종 및 발아 후의 관리

파종 후 건조방지를 위해 볏짚이나 건초를 덮어 두었다가 발아하면 바로 걷어 준다. 발아한 모는 그해 그 자리에서 1년간 기른다.

모판에는 10a당 복합비료(18 : 18 : 18) 50kg을 두 차례에 나눠 주는데 4월에는 20kg, 7월에는 30kg 웃거름으로 주도록 한다.

③ 종자의 처리

산수유나무 종자는 경실종자로써 다음과 같이 처리하여 파종하면 발아를 촉진시킬 수 있으나 실용적인 방법은 아니다.

Ⓐ 찰상법

10배의 굵은 모래와 혼합하여 절구에 찧으면 껍질이 얇아져서 수분을 잘 흡수하여 발아가 빠르다.

Ⓑ 도정법

종자량이 많을 때 보리방아 찧는 정미기에 넣어 몇 번의 도정 과정을 거치면 단단한 껍질이 얇아져 발아가 쉬워진다. 하지만 종인이 상하지 않을 정도로 도정하도록 한다.

© 황산처리

산수유 종자는 단단하기도 하지만 고유의 납질로 인한 흡수 부진으로 발아가 늦어지므로 황산 80%액에 2분간 처리하였다가 맑은 물에 깨끗이 씻어 파종하면 발아가 잘 된다.

※ 황산은 위험하므로 취급에 주의하여야 한다.

3) 아주심기

보통 모판에서 2년생 모를 아주심기하는데 이때 묘목의 키는 15~20cm 정도가 적당하다. 아주심기시기는 낙엽 휴면기인 11월 하순과 봄 2월 하순~3월 상순이 좋다.

① 거름주기

흙과 잘 썩은 퇴비나 약간의 용성인비 또는 용과린을 섞어서 구덩이 밑에 넣고 가볍게 밟은 후 심는다. 재식 2년째부터는 웃거름으로 10a당 퇴비 2,000kg, 복합비료 30kg을 준다.

② 재식거리

사방 3.6m에 한 그루씩 심으면 10a당 150주를 심을 수 있다.

산수유는 꽃피는 시기가 빠르므로 봄에 옮겨 심을 때 다른 나무보다 빨리 하는 것이 좋다.

아주심기 2~3주일 전에 깊이 45cm, 넓이 45cm 정도로 땅을 파서 겉흙과 잘 썩은 퇴비나 약간의 용성인비를 섞은 다음 밑에다 넣어 가볍게 밟는다. 그 위에 흙을 쌓아 두었다가 심을 때 밑거름이 닿지 않을 정도로 파고 묘목의 뿌리를 잘 펴서 심는다.

산수유나무를 심을 때는 단식을 하여야 한다.

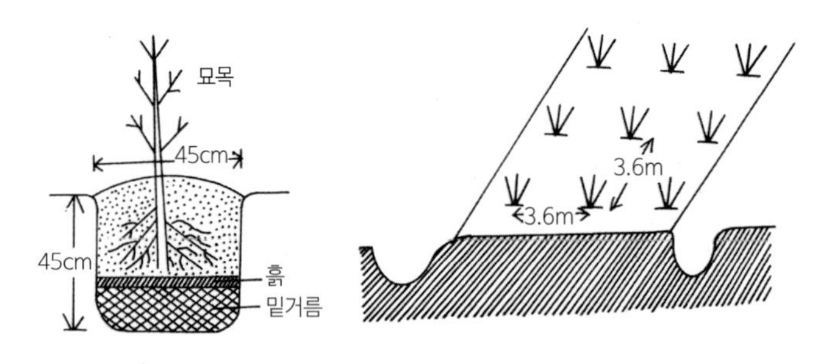

〈그림1〉 산수유나무 심는법

4) 주요관리

① 정지 및 전정

전정에는 잘 견디는 편이나 전정 후에도 눈이 잘 트기 때문에 휴면기에 재배목적에 따라 수형을 만들어 주는 것이 필요하다.

수형은 단간으로 하거나 지상 1m 정도에서 주간을 잘라버리고 3간으로 키우기도 하는데 재배 도중 가지가 너무 무성하면 개화가 잘 되지 않으므로 이런 경우는 3월 상순에 굵은 뿌리를 몇 개씩 잘라 꽃이 잘 피도록 도와준다.

② 웃거름

매년 가을 또는 이른 봄에 웃거름을 준다.

시비 방법은 산수유나무 그루를 중심으로 주지의 밑둥직경 8~10배 떨어진 곳을 파고 퇴비, 인분뇨, 깻묵 따위를 묻어 주는 것으로 시비량은 생육년수에 따라 증시하고 개화 결실 이후에는 인산과 칼리질 비료에 치중해서 비료를 주어야 한다.

③ 병충해 방제

병해는 큰 문제가 되지 않으며 깍지벌레와 흰가루병의 발생이 있는 정도다. 흰가루병 방제법은 카라센유제 3,000~4,000배액을 살포하는 것이고, 깍지벌레는 이른 봄 새싹이 트기 전에 7~8배의 석회유황합제를 처리하는 것으로 생육 도중의 6~7월과 9~10월에는 메타시스톡스 1,500배액을 살포해 주면 재배 시 도움이 된다.

5) 수확 및 조제

아주심기 후 보통 7~8년 만에 개화결실을 하게 되지만 묘목을 심을 때 노력과 경비가 다소 더 들더라도 깊고 넓게 파서 밑거름을 충분히 주고 나서 심으면 뿌리의 발육이 잘 되어 생육이 왕성하고 결실기가 빨라진다.
가을에 열매가 빨갛게 익으면 수확하여 살짝 찌거나 그대로 씨를 빼낸 후 과육만을 햇빛에 말린 후 저장한다.
건재는 윤택하고 살이 많으며 맛과 향이 풍부한 것이 상등품이다.
아주심기 후 7~8년생의 1주당 열매의 수확량은 말린 것으로 0.6~1.2kg 정도지만 매년 그 양이 증가해 20~30년 후에는 생육상태가 좋은 것은 주당 24~30kg 정도 수확할 수 있다.

28 오수유

영명
Fructus Evodiae

학명
Evodia rutaecarpa Hook

과명
운향과 Rutaceae

+약용부위 과실

01 성분 및 용도

① 성분
Evodene 성분에서 향이나고 기타 결정성분으로 Evodin, 알카로이드로 Evodiamin과 Rutaecarpin을 함유하고 있다.

② 용도
건위, 구풍, 이뇨, 신향성건위, 약 해독에 쓰인다.

③ 처방(예)
오수유탕, 온경탕, 당귀사역가오수유생강탕 등으로 처방한다.

④ 방약합편(황도연 원저)
미신하고 성열하다. 산기를 편안하게 하며 산수와 제복의 한기를 통치한다.

02 모양

중국이 원산지로서 낙엽성 운향과에 속하는 낙엽목이다.
입은 홀수의 긴꼴 겹잎으로 대생이며 작은 잎이 4~5쌍으로 난다. 잎은 타원형이고 가장자리는 밋밋하며 이른 여름에 녹백색의 작은 꽃들이 가지 끝에 많이 모여 핀다. 가을에 검붉은 색의 열매를 맺는다.
열매는 편구형으로 지름이 2~3mm 정도이며 검붉은 색을 띤다. 독특한 냄새와 쓰고 매운맛이 난다.

03 재배기술

재배력

구분	3월	4월	5월	6월	7월	8월	9월	10월	11월	12월	1월	2월
1년째	삽목	삽목						아주심기 (가을)	아주심기 (가을)			
2년째	아주심기 (봄)	아주심기 (봄)	개화					수확 (2~3년 소량수확) (5~6년 매년수확)	수확 (2~3년 소량수확) (5~6년 매년수확)	수확 (2~3년 소량수확) (5~6년 매년수확)		

1) 적지

① 기후

우리나라에서는 중부지방의 따뜻한 곳이 재배지로 적합하다.

동남향으로 햇빛이 잘 쬐이며 바람의 피해가 없는 곳이 좋다.

② 토질

경토가 깊고 배수가 잘 되는 땅이 좋다. 뚝, 밭주변, 개간지 등을 이용한 재배도 가능하다.

2) 번식

꺾꽂이 및 포기나누기법으로 번식한다.

① 꺾꽂이법

Ⓐ 시기

3월 하순~4월 상순이 적기이다.

Ⓑ 꺾꽂이감

전 해에 자란 새 가지 중에서 충실한 것을 선택해 세 마디의 길이로 잘라 위의 한 두마디가 땅 위로 나오도록 비스듬히 꽂는다.

Ⓒ 꺾꽂이상은 반음지인 나무 밑이나 꺾꽂이 상을 만든 다음 인위적인 환

성에서 번식용 나무를 재배할 수 있다. 이때 모판 흙은 부드럽고 거름기가 없는 모래참흙을 쓰고 적당히 습기가 있고 배수가 잘 되는 곳이 좋다.

Ⓓ 꺾꽂이상 관리

꺾꽂이 후에는 충분히 물을 주고 짚이나 낙엽 등을 덮어 건조를 막고 완전히 발아한 후부터는 서서히 햇빛에 노출하는 것이 좋다.

7~8개월 후에 액비를 시용하고, 생육이 좋은 것은 가을에 아주심기하며 작은 것은 1년간 더 육성해서 2년생 모로 아주심기한다.

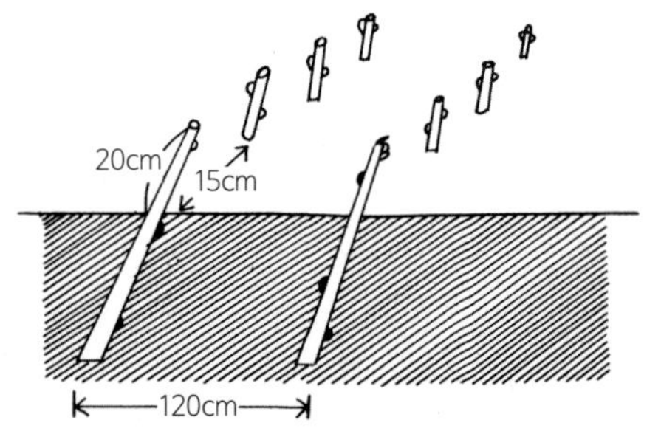

〈그림1〉 오수유나무 꺾꽂이법

② 포기나누기법

나무 주위에 자란 어린싹의 포기를 나누어 심는 방법으로 포기나누기하여 바로 아주심기하거나 1년 동안 모판에서 육묘하여 아주심기한다. 포기나누기 적기는 가을철에 낙엽이 된 직후와 이른 봄 싹이 트기 전 즉 휴면기간 중에 하는 것이 좋다. 모판으로 육묘시할 때 비료분이 적은 곳에 심는다.

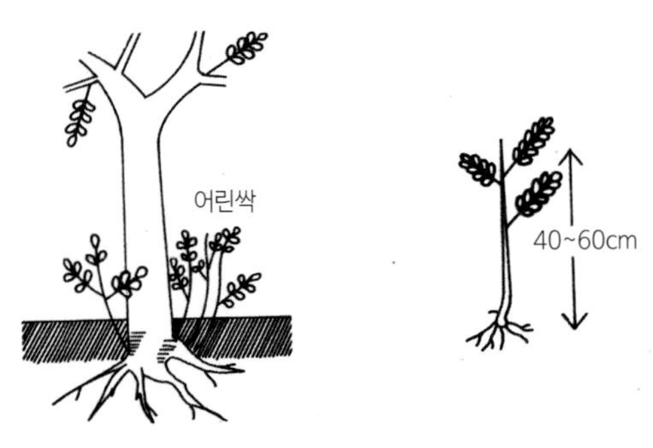

〈그림2〉 오수유나무 포기나누기법

3) 아주심기

아주심기시기는 가을과 봄 어느 때 해도 상관없다.

심을 때는 잘 썩은 퇴비를 넣고 심으며 재식거리는 평지 및 개간지의 경우 사방 5m가 되도록 심고 밭뚝과 제방 주변에는 4~5m 정도의 거리를 두고 심는다.

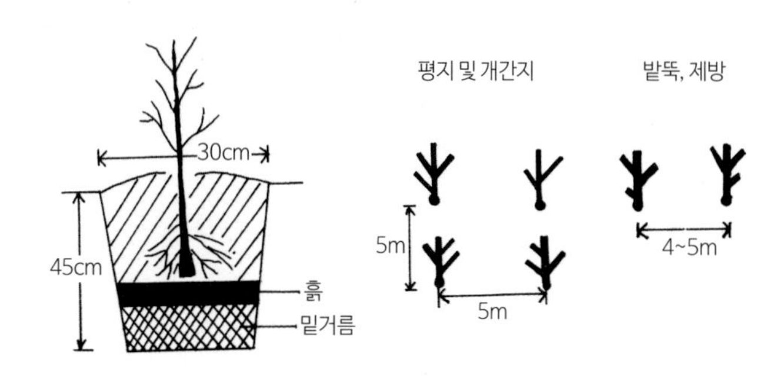

〈그림3〉 오수유나무 심는법

4) 주요관리

나무의 자람세가 강하여 잡초 등의 피해는 없지만 아주심기 후 작은 나무일 때는 주위를 제초해 주는 것이 좋다.

모가 활착하면 나무로부터 30cm 정도 간격을 두고 잘 썩은 인분뇨를 물에 묽게 타서 주거나 깻묵을 썩혀서 액비로 준다.

매년 자라는 대로 비료를 늘리며, 꽃이 피고 결실하기 시작하는 3~4년째부터는 인산, 칼리 등의 비료를 충분히 준다.

키가 크게 자라지 않기 때문에 전정 및 정지는 필요없으나 반주간형으로 길러 물주기에 편리하도록 관리하는 것이 좋다.

5) 수확 및 조제

아주심기 후 2~3년째 개화하고 열매를 맺지만 그 수량이 적어 상품성이 떨어진다. 본격적인 수확은 5~6년째로서 과실은 처음에 녹색이고 9월 하순~10월경부터는 붉은 자색으로 변한다. 서리가 내리기 시작하면 자연히 열매가 떨어지며, 수확적기가 지나면 과실의 색이 흑색을 띠게 된다. 수확한 열매는 멍석에 널어 햇빛에 말리는데 완전히 건조되면 과실만 선별해서 약용으로 한다. 수확량은 6년생 1주당 생과실로서 3.7kg 정도지만 15년 이상의 성목이 되면 30kg 이상 수확할 수 있다.

수확한 열매에서 씨를 제거하면 75% 정도의 과육 수확량을 낼 수 있다.

과실을 말릴 때는 용도에 따라 적기에 수확하여 단시일 내에 잘 말려야 한다. 그렇지 않으면 저장중 변질되어 상품가치가 떨어지게 되므로 주의한다. 과실의 건조비율은 25% 내외이며 품질은 큰 열매로 씨가 없으며 향기가 강한 것이 좋다.

29 결명자

영명
Cassiae Semen

학명
Cassia tora Linne

과명
차풀과 Cassiaceae

+ 약용부위 종실

01 성분 및 용도

① 성분

지방유, 아미노산을 함유하고 있다.(Emodin, obtusifolin, obtusin).

② 용도

완하, 강장약, 명목에 효과가 있다. 음료로서 차대용으로 이용하기도 한다.(결명자차).

③ 처방(예)

세간명목산 등을 처방한다.

④ 방약합편(황도연 원저)

미감하다. 간열과 목통을 없애고 눈물을 거두게 하며 코피를 멎게 한다.

02 모양

중앙 아메리카 원산의 차풀과에 속하는 한해살이풀이다.

모든 포기에 짧은 털이 퍼져 있고 키는 1~1.5m 내외로 잎은 3~4쌍의 깃꼴겹잎으로 되어 있다. 작은 잎은 거꾸로 된 달걀꼴이고 끝이 뭉툭하며 7~8월에 노란색의 나비모양의 작은 꽃이 핀다.

꼬투리는 길이 10cm 정도의 장산형이고 활처럼 구부러져 있다. 꼬투리 속에는 광택 있는 종자가 한줄로 들어 있다.

종실과 잎을 약용으로 할 수 있으며 종실이 잘 알려져 있다. 결명자는 민간약으로 수요가 높다.

03 재배기술

재배력

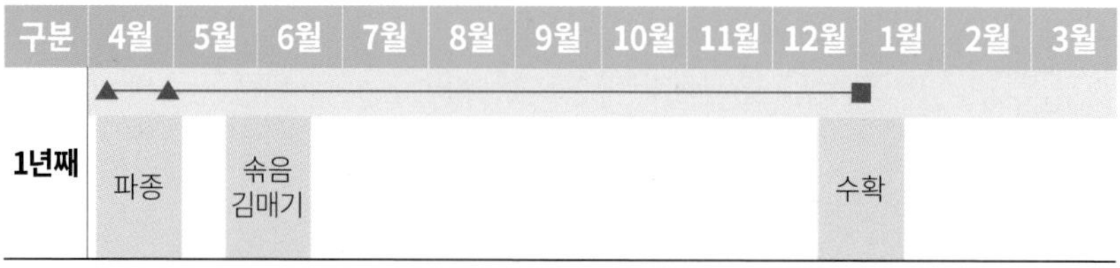

구분	4월	5월	6월	7월	8월	9월	10월	11월	12월	1월	2월	3월
1년째	파종		솎음 김매기							수확		

1) 적지

① 기후

원래 고온에서 잘 자라는 식물로서 한여름에 생육이 왕성하므로 따뜻한 곳에서 재배하는 것이 유리하다.

우리나라의 중·남부지방에서 재배하면 수량 및 품질 면에서 우수한 약재로 평가받을 수 있다.

② 토질

모래참흙, 질참흙, 부식질 참흙 등 어느 곳에서나 잘 되지만 습기가 많거나 그늘진 곳에서는 재배가 어렵다. 이어짓기는 가능하지만 수확량이 매우 떨어지므로 피하는 것이 좋다.

결명자는 지력소모가 심하므로 뒷그루 작물에 알맞은 비배관리를 하지 않으면 수확량을 올릴 수 없다. 특히 산성토양을 싫어하므로 개간지 재배에 있어서는 석회 시용을 하는 것이 큰 도움이 된다.

2) 품종

결명자는 단일 품종이나, 이와 유사식물로 망강남이 있는데 이것과 혼동하는 경우가 있어 주의를 기울여야 한다. 결명자는 일명 초결명이라 하고 망강남은 석결명이라 하는데 망강남의 경우 우리나라에서는 약용이나 차용으로 쓰이지 않는다.

3) 파종

종자로 쓸 것은 햇종자로써 잘 마른 것이 좋다.
묵은 종자는 발아가 잘 되지 않아 종자용으로는 이용하지 않는다.
파종시기는 4월 상·중순이 적기인데 너무 빨리 파종하면 기온이 낮아서 발아하는 시일이 오래 걸리며 고르게 자라지 않는다.
겉껍질이 단단한 결명자는 경실종자이므로 그대로 파종하면 발아시일이 오래 걸리고 균일하게 발아하지 않는다. 그러므로 종자를 24시간 정도 맑은 물에 담그었다가 점뿌림 또는 줄뿌림한다.
파종량은 10a당 2ℓ 정도가 적당하다. 재식거리는 이랑나비 60cm, 포기 사이 15cm 정도가 알맞으므로 파종 시 심는 거리를 지켜 심는다.
비옥지에서 재배할 때에는 밑거름이 필요 없으나, 비옥지가 아닌 경우 재배하는 동안 비절현상이 나타나지 않도록 시비하는 것이 수확량을 올릴 수 있는 방법이다. 척박지인 경우 10a당 퇴비 1,200kg, 닭똥 200kg을 거름으로 넣고 웃거름은 복합비료 30kg, 염화칼리 10kg을 준다.
개간지 또는 아주 척박한 땅이면 생육초기에 약간의 속효성 질소비료를 주는 것이 좋다.

4) 주요관리

① 병충해 방제

해충은 생육초기인 어린 모일 때 뿌리를 갉아 먹는 근철중의 피해가 있으므로 해당 살충제를 뿌려 구제한다.

② 솎음

파종 후 14일 정도 지나면 발아하므로 본 잎이 2~3매 정도 났을 때 1회 솎음을 하고, 15~18cm 자랐을 때 2회 솎음하여 재식거리를 맞춘다.

③ 김매기 및 북주기

김매기는 2~3회 실시하고 초장이 40cm 정도 되었을 때 북주기를 하여

도복을 방지한다.

5) 수확 및 조제

① 수확

생육 환경이 좋은 것은 서리가 올 때까지 개화를 계속하기도 하나, 늦가을이 되어 종실이 익어서 차츰 다갈색으로 변하고 아랫잎이 말라 떨어지며 윗 잎도 대부분 누렇게 변한 11월 중·하순이 수확 적기다.

수확할 때 맑은 날 전초를 뽑아서 밭에 하루 정도 널어 햇빛에 말린 다음 다발로 묶어 햇빛이 잘 들고 통풍이 잘 되는 곳에 세워 말리는 방법으로 한다.

② 조제

다발로 묶어서 완전히 말린 다음 탈곡기로 종실을 털어서 불순물이 없도록 정선하고 정선이 끝난 종실은 다시 멍석에 널어서 1~2일 동안 햇빛에 완전히 말린 다음 습기가 없는 곳에 저장한다.

30 의이인

영명
Coicis Semen

학명
Coix agrestis LOUREIRO

과명
포아폴과 Poaceae

+약용부위 종실

01 성분 및 용도

① 성분

조단백	조지방	전분	회분	수분	단백질
16%	8	62	2.3	8.5	3.2

② 용도

소염, 이뇨, 배농, 자양, 강장약으로 쓰인다.

③ 처방(예)

의이인탕, 마행의이감초당, 의인부자패장산, 담용탕 등으로 처방한다.

④ 방약합편(황도연 원저)

미감하다. 습비를 없으며 폐옹 위와 구련과 마위를 다스린다.

02 모양

의이인은 포아폴과에 속하는 한해살이풀로서 우리나라 전역에서 재배되고 있다. 주산지는 전북 장수, 임실, 충북, 청원, 충남 청양 등이다.
의이인은 약용 또는 식용으로 쓰는데 의이인 종실은 전분 62%, 조단백질 16%, 조지방 8%가 들어 있어서 전분과 단백질을 추출하여 공업원료로 이용하기도 한다.

03 재배기술

재배력

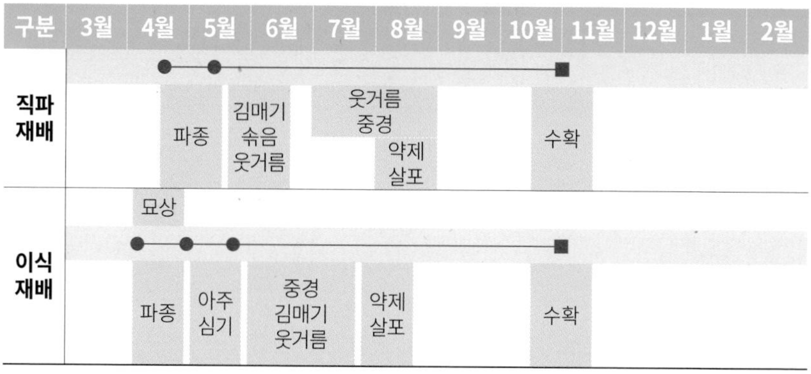

구분	3월	4월	5월	6월	7월	8월	9월	10월	11월	12월	1월	2월
직파재배			파종	김매기 솎음 웃거름	웃거름 중경	약제 살포		수확				
이식재배		묘상 파종	아주 심기	중경 김매기 웃거름		약제 살포		수확				

1) 적지

① 기후

우리나라 전역에서 재배가 가능하나 동남향의 따뜻한 남부지방에서 재배하는 것이 좋다.

② 토질

배수가 잘 되는 적습한 사질양토 또는 식질양토가 적당하다.

한여름 가뭄의 피해를 입지 않는 곳에 재배한다. 일반적으로 식질양토나 습한 밭에 재배하면 종실이 작고 겉껍질의 색깔이 짙어지는 단점이 있다. 부식질토양에서 재배한 것은 종실이 굵고 색이 연하다. 연작을 하면 극심한 지력의 소모와 잎마름병, 깜부기병 등의 피해를 입기 쉬우므로 한 번 심었던 곳은 돌려짓기하는 것이 바람직하다.

2) 품종

의이인의 품종은 겉껍질이 얇은 연실종과 겉껍질이 딱딱한 염주 모양의 경실종으로 나뉘며 연실종을 선택해서 재배해야 가공과 조제를 쉽게 할 수 있다. 그리고 각 지방에서 재배되고 있는 재래종을 수집하여 생산성 검정을 실시한 결과 김제종이 가장 조숙종이고 다수성 품종인 것이 확인되었다.

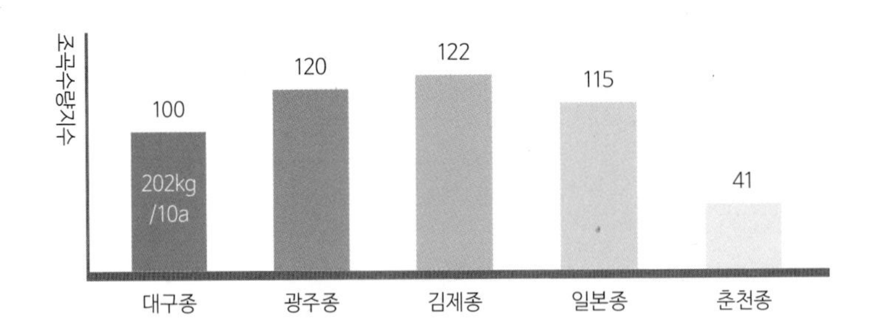

성숙기	9.22	9.21	9.21	10.8	9.20
초장(cm)	155	171	170	128	159
분얼수	6.2	7.8	6.9	4.2	6.6

〈그림 1〉 우량품종의 수량성과 특성

3) 재배양식

의이인의 재배방법은 직파재배와 육묘이식재배 두 가지로 구분한다. 이식재배는 노력이 많이 들므로 생육일수가 연평균 150일 이하인 중부 이북 지역에서 생육기간을 조절할 목적으로 할 때 쓰인다. 그 외의 지역에는 직파하는 것이 좋다. 남부지방이라도 전작물 관계로 적기에 파종할 수 없을 때는 육묘이식하는 것이 합리적이다.

① 직파재배

Ⓐ 파종시기

충남, 경북 이북에서는 4월 하순경에 파종하며 남부지방에서는 5월 상순에 파종한다. 생육기간 150일을 만족할 수 있도록 하며 그 기간 동안 20°C 이상 날씨를 보이는 지역을 중심으로 재배한다. 4월 하순~5월 상순의 저온에서는 보온을 위해 비닐덮기를 해 주는 것이 좋다.

시험결과에 의하면 파종기가 빠를수록 생산량이 늘어나는 것으로 확인되었으며 5월 이후에 파종하면 격감되므로 가급적이면 4월 하순에서 5월 중순 사이에 파종하도록 한다.

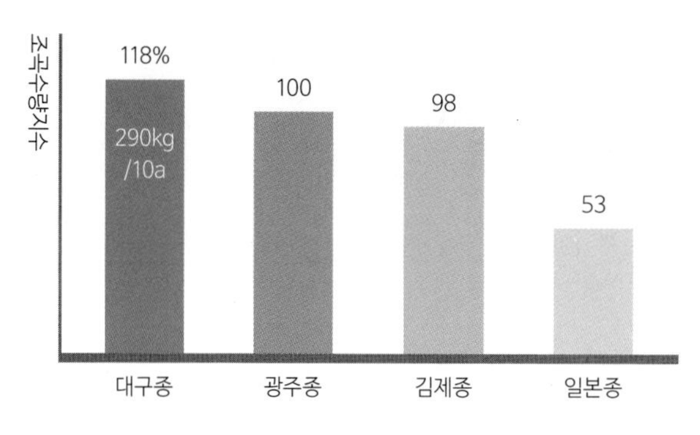

〈그림 2〉 파종적기

Ⓑ **종자소독**

의이인 재배에서 특별히 주의해야 할 것이 바로 종자소독이다.

우량품종을 고른 후 반드시 종자소독을 한다. 잎마름병과 깜부기병이 의이인의 주요 병해로 깜부기병은 종자소독을 철저히 하지 않으면 생기기 때문에 특히 조심한다. 우리나라의 주요 재배지역에서도 깜부기병이 많이 발생해 큰 피해를 입고 있다. 베노람수화제 300배액에 종자를 담그는 소독 방법이 매우 효과적이며 24~36시간 정도 담갔다가 건져서 파종하는 것이 적당하다.

이외에도 냉수온탕침법이나 비타지람 등이 효과가 있으며 이 경우는 보리종자를 소독하는 방법으로 소독한다.

Ⓒ **거름주기**

의이인은 질소비료에 민감한 작물이므로 유기질비료를 충분히 주어서 잘 자라도록 한다. 3요소의 균형시비가 중요하다. 시비량은 10a당 질소 8kg, 인산 8kg, 칼리 8kg을 밑거름으로 주고 출수직전에 질소비료 4kg을 웃거름으로 주는 것이 적당하다. 개간지에 재배할 경우에는 인산비료 20kg을 준다. 의이인은 다비성 작물이지만 질소비료를 과용하면 병충해 발생의 원인이 되므로 적당히 주어야 한다.

Ⓓ **재식거리**

재식거리는 땅의 비옥도와 파종시기에 따라 조절을 하나 일반적으로 이랑나비 60cm, 포기사이 20cm로 할 때 2주씩 심는 것이 1주씩 심는 것보다 유리하다.

줄뿌림을 할 때는 파종 후 발아하고 난 후 적정거리로 솎음을 해야 하며 점뿌림을 할 때는 3~4립씩 파종해 포기사이 10cm에서는 1주씩, 포기사이 20cm일 때는 2주씩 남겨 놓고 솎는다.

Ⓔ **주요관리**

· **보식 :** 직파 후 빈 곳은 밴 곳에서 떠다가 보식한다.

· **배토 :** 키가 크고 무성히 자라기 때문에 넘어지기 쉬우므로 뿌리 부근을 배토해 준다. 쓰러지면 결실이 잘 되지 않으므로 조심한다.

② 육묘이식재배

Ⓐ **모판만들기 및 파종**

모판은 햇빛이 드는 따뜻하고 적습한 땅에 단책형 냉상을 만들되 두둑은 넓이 120cm, 높이 15cm로 만든다.

모판시비량은 3.3m²(10평)당 퇴비 40kg, 초목회 2kg을 섞어 준다. 상토는 너무 비옥하지 않고 보통의 땅에 거름을 알맞게 주어서 육묘하는 것이 좋다. 모판 파종시기는 4월 중·하순이 가장 알맞고 늦어도 5월 상순까지는 끝내야 하며 5월 중순 이후 파종하는 것은 수확량이 현저히 떨어진다. 모판 육묘 밀도는 이랑나비 10cm, 포기사이 5cm 정도로 줄뿌림한 뒤 발아 후 적정거리로 솎아서 1주씩 모를 기른다. 모판 파종 후에는 보온하기 위해 비닐을 씌워서 발아를 돕고 발아 후에는 비닐을 제거한다.

이식재배의 적정 육묘일수는 30일로서 초장이 20~30cm정도 자라고 잎이 4~5매 되었을 때에 옮겨 심는 것이 적당하다.

10a당 필요한 모판면적은 65m²(약20평)이다.

Ⓑ **정 식**

모판파종 후 5월 상·중순이 되면 본밭에 아주심기하는데 가급적 모를 채취할 때는 뿌리가 상하지 않도록 조심해서 옮겨 심어야 생육과 묘활착이 잘 이루어진다. 따라서 모 채취 하루 전 모판에 물을 충분히 주고, 다음 날 채취한 뿌리를 상하지 않게 옮겨 심으면 활착이 빠르고 초기 생육이 왕성하다.

본밭거름은 10a 당 퇴비, 1,000kg, 질소 8kg, 인산 10kg, 칼리 10kg을 밑거름으로 뿌린 후 경운 정지하여 이랑나비 60cm, 포기사이 30cm 거리로 2주씩 심는다.

4) 수확 및 조제

수확시기는 기후 조건에 따라 다르나 9월 하순에서 11월 사이에 줄기와 잎이 황색으로 변하고 종실이 흑갈색을 띠게 되면 맑은 날을 택해 수확한다. 종실이 너무 익으면 수확 도중 땅에 떨어지는 것이 많아 작업에도 불편하고 손실률도 높다.

줄기의 밑부분을 낫으로 베어서 2~3일 햇빛에 말린 다음 탈곡기 등으로 털어서 바람에 껍질 등을 날린 다음 다시 햇빛에 말려 저장한다.

겉 껍질을 벗기기도 하는데, 이를 벗기면 저장중 충해 및 쥐의 피해를 입는 일이 많으니 유념해서 조제한다.

껍질을 제거하려면 절구에 넣고 껍질을 깨뜨린 후 바람에 날린 다음, 선별하여 다시 정백한다. 요즘에는 바로 정백하는 기계가 있으나 이 역시 의이인이 깨지지 않도록 주의해야 한다.

수확량은 10a 당 300~420kg 정도며 토질에 따라 일정하지 않다.

껍질을 제거한 것은 벌레 등의 피해를 입기 쉬우므로 될 수 있으면 통에 넣어서 저장한다.

충해가 발생하면 즉시 햇빛에 말리거나 이유화탄소를 살포한다. 저장은 껍질째 그대로 했다가 필요에 따라 껍질을 벗기는 것이 좋다.

31 산초

영명
Zanthoxyli Fructus

학명
Zanthoxylum piperitum De Candolle

과명
감귤과

+ 약용부위 과피

01 성분 및 용도

① 성분

정유로서 주성분은 Citronellal, Dipentene, Geraniol을 함유한다.

② 용도

약재로 방향건위, 소염, 이뇨, 회충구제 등에 쓰인다.

향신료로 어린 잎을 쓰고 덜 익은 연한 열매를 따서 사용하기도 한다. 일본에서는 향신료로서 수요가 점점 증가 추세다.

③ 처방(예)

대건중탕, 천금당귀탕 등으로 처방한다.

④ 방약합편(황도연 원저)

수록되어 있지 않다.

02 모양

키가 3m 정도 되며 가을에 잎이 떨어지는 작은 크기의 나무다.

이 나무의 잎과 열매에는 독특한 향기가 있어 일본에서는 어린 잎과 열매를 향미료로 이용한다. 특히 열매는 향기가 강하고 매운 맛이 난다.

원산지는 한국, 일본, 중국 등 동북 아시아에 분포되어 있고 우리나라에도 자생한다. 산초나무는 자웅목이다.

03 재배기술

재배력

구분	7월	8월	9월	10월	11월	12월	1월	2월	3월	4월	5월	6월
직파재배	채종		파종 접목	(파종2~3년째)					접목(파종 2~3년째)			
이식재배	■ 수확(건과용) ※접목묘 건식 3년후부터 수확				아주 심기					■ 수확(건과용)		

1) 적지

① 기후

산초는 따뜻한 곳에서 잘 자라며 눈과 바람이 많은 곳에서는 수확량이 떨어진다.

② 토질

토질은 유기질이 많은 식질양토가 가장 좋고 그 다음으로는 사질양토와 부식질양토가 좋다. 가뭄을 심하게 타지 않는 곳에서 키워야 한다.

산초는 직근이 없고 잔뿌리가 얕게 뻗기 때문에 여름철 온도가 높고 가뭄을 타는 곳에서는 잘 자라지 못한다. 그늘진 곳에서도 수확량이 떨어진다.

산초는 아주심기 후 3년째부터 수확을 시작하여 7~8년이 되면 완전한 성목이 된다. 심은 후 10~12년째가 최성기다.

이 시기가 지나면 나무가 쇠약해지므로 나무를 새로 심기 위하여 모를 미리 준비해야 한다.

산초는 이어짓기에 의해서 수량, 품질이 떨어지므로 한번 심었던 곳을 피해 다른 장소에 심는 것이 유리하다.

2) 번식

① 대목의 양성

산초의 번식에는 접붙이기에 의한 묘목의 양성이 필수적이다.

실생묘는 가시가 있는 묘목으로 이것은 성목이 되어도 열매가 작고 결실이 불량하며 수량이 떨어진다.

Ⓐ 씨앗의 준비와 저장

산초는 7월 하순경 열매가 녹색에서 황색으로 변하여 과실이 충실하게 되었을 때 채취한다.

채취한 열매는 바로 건조하지 말고 5배 정도의 모래와 섞어서 그 양이 적으면 화분에 양이 많으면 나무로 상자를 만들어 넣고 습기가 마르지 않게 관수한다.

9월 하순~10월 상순의 파종기까지 이렇게 두는 것이 좋다.

대목으로 할 산초는 어떤 것이라도 쓸 수 있으나 개산초가 가장 좋다.

특히 뿌리가 무성하게 뻗어 묘목양성에 많이 쓰인다.

Ⓑ 파종

9월 하순~10월 상순이 파종 적기다.

모판은 가뭄 타는 땅을 피하고 습기가 알맞은 곳을 골라 묘판을 만든다.

밑거름으로 잘 썩은 퇴비, 닭똥, 초목회 등 유기질비료를 전면에 시용하고 땅을 깊이 갈아 흙을 곱게 정지한 다음, 폭 1m, 높이 15cm의 파종상을 만들어 길이는 10cm, 깊이는 1cm가 되도록 골을 내고 씨뿌림을 한다.

파종할 때는 씨뿌림골에 충분히 관수하고 포기사이가 3cm 되게 1립씩 점뿌림을 한다.

파종이 끝나면 1cm 정도 얕게 흙덮기하고 그 위를 가볍게 눌러 주는 것이 좋다. 모판 전면에 왕겨 태운 것을 상토가 보이지 않을 정도로 살짝 뿌려 준다.

© 파종상 관리

파종한 다음 해 봄에 발아한다.

발아가 어느 정도 되었을 때 김매기를 하고 요소, 유안 등을 물에 타서 웃거름으로 시용한다.

봄부터 여름까지 특별히 마르지 않도록 주의하고 짚이나 건초를 덮어서 항상 습기가 있도록 한다.

모판에서 충충이 발생하면 살충제를 뿌려주며 포기사이를 10cm 정도로 하는데 너무 밴 곳은 솎아준다.

이것을 그대로 월동시키며, 11월 경 월동비료로 질소·인산·칼리 3성분을 동일한 양으로 시용한다.

눈에 띄게 잘 자라는 것은 파종 2년째 봄에 접붙이기 대목용으로 쓸 수 있고 생장이 보통인 것은 3년째 봄에 접붙이기용 대목으로 쓴다.

② 접붙이기

대목이 준비되면 눈접 또는 할접을 한다.

봄에 접붙이기하기에 가장 알맞은 시기는 3월 중·하순 20일 간이다.

접붙이기할 접가지는 2월 중·하순 햇가지 중에서 골라 채취한 다음 마르지지 않도록 시원한 곳에 저장했다가 2~3개의 눈이 붙어 있도록 5~6cm 길이로 자른다.

대목은 지상의 높이 10~13cm 부분을 자른 후 밑부분을 이용한다.

접가지와 대목을 접붙이기할 때는 서로 합쳐지는 부분을 잘 드는 접붙이기 칼로 잘라 단단히 밀착하게 한다.

접붙이기한 곳은 비닐끈으로 묶어 주고 심은 후 접붙이기한 곳이 묻힐 정도로만 흙을 긁어 올려준다. 다 끝나면 해가림을 해 주었다가 접가지에서 싹이 완전히 나왔을 때 해가림을 걷어 준다.

새로운 싹이 잘 자라면 늦가을까지 50~80cm 정도 자란다.

가을 접붙이기 시기는 9월 상순~10월 상순이 적기다.

대목은 봄 접붙이기 때 생육이 불충분한 것을 가을까지 키웠다가 사용한다. 접가지는 접붙이기 5~10일 전에 채취해서 저장해 놓았다가 봄 접붙이기 때와 같은 방법으로 접붙인다.

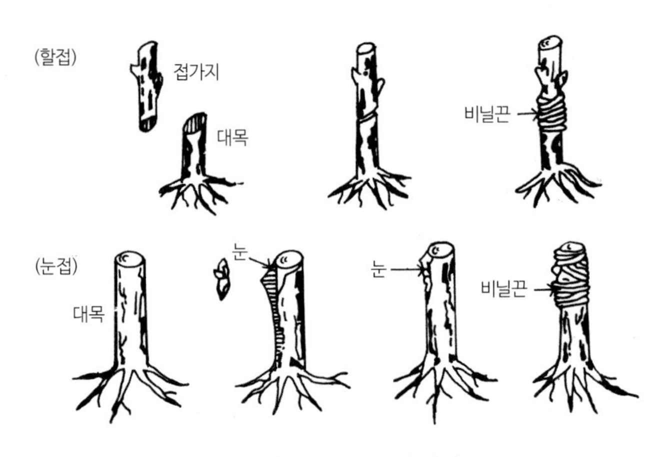

〈그림 1〉 산초 접붙이기 방법

3) 아주심기

아주심기의 적기는 늦가을이다.

포장은 남면 또는 동남면의 경사도가 낮은 곳에 심는 것이 좋다.

또한 지하수위가 너무 낮아 건조하기 쉽거나 모래땅으로 보수력이 없는 땅은 산초재배에 알맞지 않다. 평지의 경우 다른 작물을 재배하는 땅이면 재배가 가능하다.

심는 거리는 이랑나비 2.4~2.5m, 포기사이 1.5~1.6m 로 한 곳에 1본씩 심는다.

심을 구덩이는 지름 50~60cm, 깊이 50cm 정도로 파고 밑거름으로 한 구덩이마다 잘 썩은 퇴비 5kg, 복합비료 100g 정도를 섞어 넣는다. 밑거름을 넣은 구덩이에 흙을 깔고 묘목의 뿌리를 잘 펴 넣은 다음 고운 흙으로 뿌리가 덮이도록 한 후 완전히 묻고 뿌리 근처를 잘 밟아 주어야 한다. 짚이나 건초를 덮어 주는 것도 좋다.

추운 지방에서는 짚이나 건초를 덮기 전 뿌리 근처에 흙을 긁어 올려 놓게 해 주어야 한다.

4) 주요관리

아주심기 후 나무가 자랄 때까지 다른 작물을 사이짓기하고 3~4년 후 뿌리가 지면에 얕고 넓게 뻗기 시작하면 사이짓기를 중지한다. 이와 함께 그때까지 해 오던 중갈이도 중지하고 김매기만 계속한다.

잡초를 제거하고 건조방지를 위하여 짚이나 건초를 깔아 주는 것이 효과적이다.

매년 자라는 가지를 정지 할 필요는 없지만, 나무의 키를 너무 높게 하지 말고 가지가 사방으로 넓게 퍼지도록 하는 것이 좋다.

빽빽하게 자란 가지만 잘라 준다.

나무가 너무 오래되면 습기가 알맞은 땅이라도 이기가 끼는 경우가 있다. 이것을 제거하지 않으면 수령이 줄어드니 주의 한다.

보통 접붙이기를 한 묘목을 심었을 때는 3년째부터 열매를 맺으며 토질과 포장조건이 좋고 관리를 잘 하면 20년 이상 되어도 나무가 쇠약해지지 않아 꾸준한 결실을 볼 수 있다.

Ⓐ 시 비

나무의 생육을 촉진하고 소독을 높이기 위하여는 매년 시비를 잘 해야 한다. 비료를 주는 시기는 월동 전이 가장 좋으며, 그 종류는 유기질비료로 퇴비, 닭똥, 깻묵 등이 좋다.

화학비료를 시용할 경우에도 퇴비 같은 유기질비료를 함께 시용하는 것이 좋다. 처음에는 나무의 주위를 얕게 돌려 파고 거름을 주고 성목이 되면 뿌리가 많이 뻗어 있으므로 포기사이에 얕은 골을 파고 시비해야 한다. 시비량은 10a당 퇴비 1,200kg, 닭똥 150kg, 깻묵 75kg이 적당하고 화학비료의 경우 3요소를 동량 함유한 복합비료로 주는 것이 좋다.

5) 병충해 방제

지금까지 별다른 병의 피해는 없으나 때에 따라 가뭄피해, 과다한 습기로 인한 피해를 입는 경우가 있어 왔다. 충해로서는 감귤류에 많이 발생하는 호랑나비의 유충이 발생해 피해를 입기도 하며 이 벌레는 잎이나 어린 싹을 갉아 먹기 때문에 싹이 돋을 때 특히 유심히 관찰한다. 약제방제는 D.D.V.P 로, 이의 1,000배액을 살포한다.

6) 수확 및 조제

① 수확

생과용과 건과용으로 나누어 한다.

생과용의 수확적기는 5월 하순~6월 상순으로 아주 짧다.

열매가 짙은 녹색으로 되었을때 수확하는데 과피가 잘 벗어지며 씨앗은 흰색으로 연할 때가 생과용으로 좋다.

건과용의 수확은 열매가 황색을 띠고 단단히 익었을 때로 7월 하순경에 열매를 딴다. 과실이 붉게 익었을 때는 수확기가 늦어 품질이 떨어지니 수확시기를 잘 맞추어야 한다. 건과는 주로 약용으로 쓰인다.

② 건조

건조하면 속에서 검고 광택있는 씨앗이 나오는데 이때 열매껍질과 씨앗을 분리한다. 완전히 건조한 것은 종이포대 또는 비닐봉지 등에 넣어 밀봉, 서늘하고 건조한 곳에 저장한다.

32 두충

영명
Eucommiae cortex

학명
Eucomia ulmoides Oliver

과명
두충과

+ 약용부위 수피

01 성분 및 용도

① 성분

껍질에 굿타페루카가 함유되어 있다. 잎에는 Lo-ganin상 물질을 함유한다.

② 용도

진통, 진정, 강장약으로 쓰인다.

③ 처방(예)

가미사물탕, 대방풍탕 등으로 처방한다.

④ 방약합편(황도연 원저)

미신이 강하다. 고정하기에 능하며 소변입력과 요통, 슬통 등을 다스린다.

02 모양

중국이 원산지인 약용작물로 낙엽 교목이며, 우리나라에서도 재배한다.
잎은 호생하며 타원형으로 끝이 좁아지면서 뾰족하다.
길이 5~16cm, 넓이 2~7cm로서 가장자리가 예리한 톱니 모양이다.
양면에 거의 털이 없으나 맥상에 잔털이 있고 엽병은 길이가 1cm 내외로서 잔털이 있다.
수꽃은 꽃대가 있으며 새 가지 밑부분에 달린다.
씨방은 2개의 심피가 합쳐져 자라고, 1개의 방은 퇴화, 1실로만 되어 있다. 끝이 2개로 갈라져서 암술머리가 된다.
열매는 편평한 긴 타원형으로 날개가 있다. 날개와 대를 제외한 길이는 3cm, 중앙의 넓이는 1cm이며, 대의 길이는 6mm내외이다.
열매를 자르면 고무 같은 점질 실이 나온다.

03 재배기술

재배력

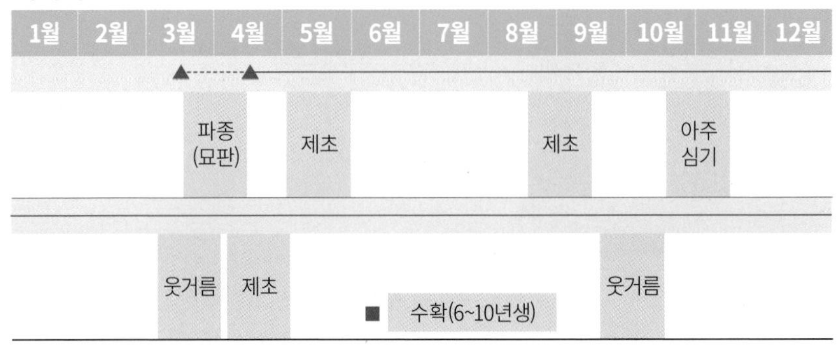

1) 적지

① 기후

우리나라 전역에서 재배 가능하다.

경기, 강원, 충북, 경북 등지에 주로 분포한다.

② 토질

표토가 깊고 배수가 잘 되는 사질양토가 적합하며 경사지와 개간지 등에서도 재배 가능하다.

2) 품종

① 원두충

중국산과 우리나라산

② 대두충

대만 생산품

③ 일두충

일본 생산품

④ 화두충

사철나무 껍질

※ 가격 및 수요 면에서 원두충을 재배하는 것이 유리하다.

3) 번식

종자로 번식한다.

4) 육묘 및 이식

① 파종 및 모판관리

㉠ 종자를 노천 매장해 두었다가 줄뿌림 또는 점뿌림을 한다.

㉡ 파종 후 상면은 반드시 짚이나 건초로 덮어 두고 발아하면 짚을 걷어 준다.

㉢ 발아 후 상해방지를 위해 밤에만 거적으로 덮는다.

㉣ 모판의 병충해 방제 : 야도충의 피해 방제를 위하여 토양 살충제를 살포하고 모가 자라면 일반 살충제로 구제한다.

② 가식 및 관리

1년 모인 30cm 정도의 모를 40x40cm 간격으로 재식한 후 모의 지상을 3cm 정도 남기고 잘라, 주간의 발육을 돕는다. 측지는 전부 제거한다. 이 때 반드시 한 가지만 남겨 자라도록 해야한다.

5) 아주심기

① 시기

봄심기 : 3월 하순

가을심기 : 10월 하순부터~11월 상순까지

② 재식거리

10a당 100~150본이 적당하다.

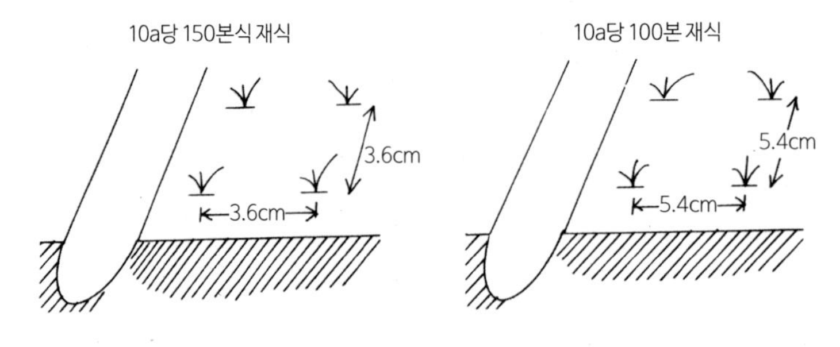

〈그림1〉 두충재식거리

③ 재식방법

구덩이를 크게 파고 밑거름을 넣은 다음 묘목을 심는다. 이때에 기비로서 퇴비 같은 유기질비료를 많이 넣고 심어야 성장에 좋다.

④ 거름주기

일반 과수와 동일하게 준다.

시비방법은 재식 2년 후부터 나무 주위를 돌려판 다음 주며, 성장을 돕는 질소질비료를 많이 주는 것이 좋다.

<표1> 두충시비량

(kg / 10a)

재식시			
구덩이를 파고 완숙 퇴비를 넣고 아주심기	요소	30	3년생기준
	용과린 또는 용성인비	35	
	염화칼리	15	

6) 주요관리

Ⓐ 중경 제초

아주심기 2~3년까지는 나무를 심은 주위의 중경 제초를 철저히 한다.

4년 이후는 풀이 나면 낫으로 깎아 나무 밑에 깔아 준다.

옆 가지가 많으면 수확량과 품질이 떨어지므로 주의해서 가지치기를 한다.

7) 병충해 방제

병해는 거의 없고 충해로서 심식충의 피해가 있는데 DDVP로 구제한다.

8) 수확 및 조제

6~10년생 나무를 지상6~9cm 정도 남기고 톱으로 벤 다음 30~40cm내외로 일정하게 길이를 맞춰 껍질을 벗긴 후 음지에서 말린다.

말릴 때 곰팡이가 생기기 쉬우니 주의한다.

수량은 6~10년생 1주에서 건재 1.8~3.0kg 정도 수확할 수 있다.

껍질을 벗기는 시기는 봄철이 되어 수액이 돌기 시작한 직후인 6월 상·중순이 가장 좋으며 이 시기에 껍질을 벗기게 되면 풍부한 수액으로 쉽게 껍질을 벗길 수 있을 뿐만 아니라 수확할 때 생긴 상처도 빨리 아물기 때문에 나무를 위해서도 좋다.

33 강활

영명
Angelicae Koreanae Radix

학명
Angelica Koreana Max.

과명
미나리과 Apiaceae

+ **약용부위** 뿌리

01 성분 및 용도

① 성분

정유를 함유하고, 구마린유도체 angelical를 빼낼 수 있다.

② 용도

한방–완화, 진통제로 쓰인다.

국방–교미완화약, 진해, 거담약으로 쓰인다.

③ 처방(예)

강활승습탕, 구미강활탕 등으로 처방한다.

④ 방약합편(황도연 원저)

약성이 미온하며 풍, 습, 신통, 근골급을 없앤다.

02 모양

전국 각지에 활발히 재배하는 여러해살이풀이다.
키는 90cm 정도로 자라며 하나의 줄기가 우뚝 서서 자란다. 잎은 세 번 깃모양으로 갈라지고 어린 잎은 둥근꼴 또는 달걀형으로 끝이 뾰족하고 잎가는 길게 갈라져 있다. 7~8월에 복산형 꽃차례의 작은 꽃이 모여 피는 것이 백지와 다른 점이다.
당귀, 백지 등은 꽃이 지면 뿌리가 썩어 없어지지만 강활의 경우 꽃이 지면서 뿌리도 썩으나 옆 순이 새롭게 생겨나 다시 자란다.
뿌리를 약으로 쓰는데 당귀, 백지와 마찬가지로 속이 비어 있는 것은 약으로 사용할 수 없다. 향기가 강하고 충실한 것이 상등품 약재로 쓰인다.

03 재배기술

재배력

10월	11월	12월	1월	2월	3월	4월	5월	6월	7월	8월	9월
파종	파종				피복물 제거 (발아 시)		김매기 및 솎음			웃거름주기 속효성 비료	웃거름주기 속효성 비료
묘두 아주심기											
■ 수확	수확										

1) 적지

① 기후

중·북부 산간지대나 서늘한 곳에서 잘 자라며 남부 산간지대 또는 기타 지역에서도 재배 가능하다.

② 토질

표토가 깊고 습한 동북향 양토에서 잘 되며 습기가 적은 곳에서는 성장이 더디다.

2) 번식

묘두나 종자로 번식한다.

묘두를 써서 번식할 때는 가을 수확 때 뿌리 위에 붙어 있는 묘두를 떼어서 아주심기한다. 종자로 번식할 때에는 늦은 가을(10월 하순 경) 본포 10a 심을 모판 66㎡(20평)를 준비하고 갈아 정지한 다음 1.2m 내외의 두둑을 지어 씨를 허튼으로 배게 뿌리거나 줄뿌림한다. 씨가 보이지 않을 정도로 얕게 흙을 덮고 짚 같은 것으로 덮어 준다.

강활은 발아력이 약하여 새싹이 올라올 때 흙이 단단하면 땅속에서 썩어 버리는 수가 있으므로 흙을 얕게 덮어 주거나 아예 흙을 덮지 않고 짚만을 덮어 주기도 한다. 파종량은 모판 66㎡(20평)에 7ℓ 내외가 적당하고 특별한 사정이 있어 늦은 가을에 파종하지 못하면 겨울 동안 종자가 마르지 않도록 습기를 주면서 파종한 것과 동일한 조건으로 보관했다가 봄에 파종한다.
이같은 보관 방법은 강활 뿐만 아니라 당귀 등 기타 가을에 뿌리면 발아가 잘 되지 않는 각종 생약에 사용 가능하리라 여겨진다.
연구 결과에 의하면 가을에 뿌린 강활 씨앗이 발아가 잘 되는 것은 겨울 동안 수분을 충분히 흡수해서 종자껍질이 연하게 되었기 때문으로 밝혀졌다. 또한 강활씨를 주머니에 넣어서 수도 옆에 두고 겨울 동안 가끔 물을 뿌려 습기를 주었다가 봄에 파종하는 것도 좋다는 연구 결과가 나왔는데, 그와 비슷한 방법으로 주머니에 넣은 씨를 집 가까운 땅에 얕게 묻어두고 눈이나 비를 맞게 하면서 지나치게 건조할 때만 물을 주는 등 겨울을 나게 한 후 파종하는 것도 좋을 것으로 여겨진다.

3) 아주심기

밭을 깊이 갈고 이랑나비가 45cm정도 되도록 골을 깊이 판 후 밑거름으로 10a당 퇴비 1,125kg, 용성인비 또는 용과린 37kg, 초목회 56kg 내외를 준 다음 그 위에 흙을 얇게 덮고 묘두를 18~21cm 간격으로 심는다. 이때 큰 것은 1본, 작은 것은 2본씩 아주심기한다.
가을에 심을 경우 추위가 오기 전에 새 뿌리가 내리고, 활착이 되도록 10월 상·중순경에 심는 것이 적당하고, 봄에 심는 경우 해동 직후 될 수 있는 한 빨리 심어야 좋다. 묘두 저장은 무처럼 흙 속에 묻어 저장한다.
심을 때는 뿌리가 꼿꼿이 서도록 심는다. 가을에 심을 때에는 흙을 약간 두껍게 덮는 것이 좋고 봄에 심을 때에는 묘두가 보이지 않을 정도로만 얕게 흙을 덮고 그 위에 짚을 다시 덮어 준다.

4) 주요관리

가을에 심은 것은 다음 해 3월 하순정도에 싹이 터서 생장하고 봄에 심은 것은 심은 후 2주일이면 완전히 활착하여 싹이 트기 시작한다.
생육초기에는 웃거름을 절약하여 잎과 줄기가 번성하는 것을 막는 반면, 뿌리의 발육기인 8~9월이 되면 속효성 거름을 많이 주어 뿌리가 잘 자라도록 힘쓴다.
생육초기에 거름을 많이 주면 경엽의 생장만 왕성할 뿐 뿌리의 발육이 떨어지고 병충해의 피해를 입기 쉬우므로 주의한다. 이와 같은 시비법은 당귀 재배와 같다.
강활은 꽃이 핀 뒤에 원뿌리는 썩어 버리고 새싹이 돋으니 이를 채종해서 묘두로 쓴다. 종자로 번식하면 파종 육묘에 품이 많이 들고, 2년 만에 수확하게 되지만 묘두로 번식하면 잔뿌리가 많아 품질은 좀 떨어지나 심은 그해에 수확할 수 있다.
강활은 일단 한번 재배를 시작하면 그 다음 해부터는 묘두를 써서 전년의 2~3배 면적을 심을 수 있으므로 재배상 큰 도움이 된다.

5) 수확 및 조제

아주심기한 그해 늦가을에 캐어서 물에 씻어 양지바른 곳에 말린다. 10a당 수확량은 건재의 경우 750kg 내외이다. 캐는 방법은 밭 한 쪽에서부터 차례로 캐야 하며 뿌리가 상하지 않도록 하고 캔 뿌리는 맑은 물에 깨끗이 씻어 햇빛에 말리거나 화력건조를 한다.

34 토목향

영명
Inulae Radix

학명
Inula helenium Liunieus

과명
엉거시과 Carduaceae

01 성분 및 용도

① 성분

Essential oil, 정유를 함유한다(Aplotaxen).

② 용도

방향성 건위제, 거담, 토사, 위장염에 쓰인다.

③ 처방(예)

목향산, 목향빈랑환, 목향조기산 등으로 처방한다.

④ 방약합편(황도연 원저)

성미온하다. 능히 위를 조화시키며 행간 사폐하고 체기를 헤친다.

02 모양

유럽 원산지인 여러해살이풀로서 중국에 건너온 것은 당나라 이전이라 짐작된다. 우리나라는 중국을 통해 들어와 예전부터 약초로서 재배하던 풀이다.

키는 1~2m까지 자라며 잎은 담배 잎처럼 넓은 긴 둥근꼴로 가장 자리는 고르지 않은 톱니갓둘레 모양을 갖는다. 한 줄기의 잎은 대를 안듯이 나고, 온몸에 잔털이 많이 나며 뿌리에서 나오는 잎자루는 길이가 길다.

7~8월에 가지가 나뉘며 그 끝에 지름 6cm 정도의 노란꽃이 피는데 꽃이 예뻐 정원에 심어 관상용으로 심는 이들도 많다.

생약은 겉이 다갈색, 고골상, 파절면 분상이고, 약간 단단하며 맛이 쓰고 특유의 향기가 강한 것이 상등품이다.

03 재배기술

재배력

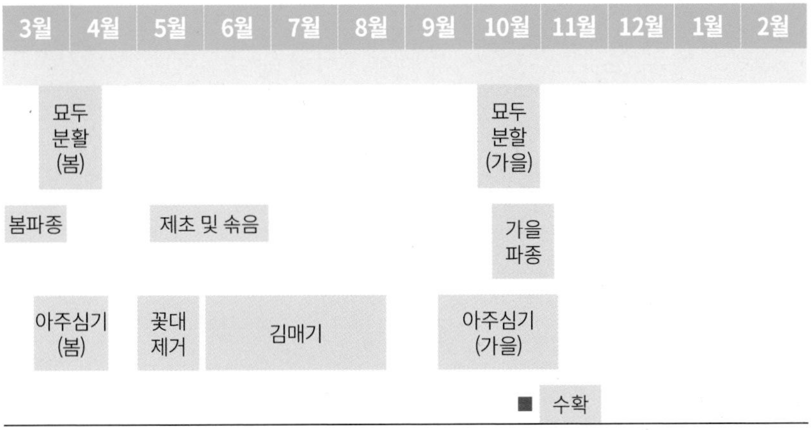

3월	4월	5월	6월	7월	8월	9월	10월	11월	12월	1월	2월
묘두 분활(봄)							묘두 분할(가을)				
봄파종		제초 및 솎음					가을 파종				
아주심기(봄)		꽃대 제거	김매기			아주심기(가을)					
								수확			

1) 적지

① 기후

원래 초성이 강하며 기후를 가리지 않아 우리나라 전역에서 재배가 가능하다.

② 토질

햇빛이 잘 드는 양토나 식양토로서 적당한 습기가 있는 곳이 이상적이다.

2) 번식

① 파종법

대량 재배 또는 묵은 뿌리의 갱신재배에 쓰이는 방법이다. 수확하기까지 시간이 걸리지만 수확량이나, 품질로 보아 재배에 적당한 방법이라 하겠다.

늦가을인 10월 하순이나 늦은 봄 4월 상순경 햇빛이 잘 들고 바람이 잘 통하는 마른 땅에 넓이 1.2m에 적당한 길이의 모판을 만들고 씨를 허튼으로 뿌린다. 이렇게 뿌린 다음 그 위를 넓은 판자 같은 것으로 가볍게 다지고 재를 얕게 뿌려 준다. 그 위에 재가 보이지 않을 정도로 흙을 덮어 주고 짚으로 가린 다음 가끔 물을 주면 15일 내외에 발아한다. 발아가 시작하면 덮어 주었던 것을 바로 걷어 주고 밴 곳은 2~3회에 걸쳐 솎아 주는데 사방 마지막 뿌린 곳은 모판으로부터 9cm 정도 간격이 생기도록 한다. 발육상태에 따라 웃거름을 주며 당년 늦가을 또는 다음해 이른 봄 본포에 아주심기한다. 10a에 심을 모판 면적은 49.5m²(15평) 내외이고 이 모판에 뿌리는 종자양은 0.54ℓ(3홉) 정도이다.

② 분근법

가을 수확 시에 굵게 뻗은 뿌리는 수확하고 나머지 즉 묘두로 만들어 저장해 두었다가 다음 해 봄 싹눈이 1~2개씩 붙도록 쪼개어 심는 방법이다. 심은 그해 수확할 수 있으며 모판관리의 노력을 줄일 수 있는 반면 수량이 적고 뿌리가 묵으면 썩으면서 싹이 잘 나지 않는 등의 결점이 있으므로 파종법을 택하는 것이 모든 면에서 좋다.

3) 아주심기

본포의 아주심기거리는 실생묘, 분근묘 모두 이랑나비가 60cm 정도 되도록 하고, 포기사이는 30cm 내외 간격으로 해서 심을 구덩이를 판다. 밑거름을 준 다음 흙과 잘 혼합해 그 위에 모를 심고 3~6cm 정도의 흙을 덮어 준다.

가을에 아주심기할 때는 흙을 좀 높이 덮고 봄에는 얕게 덮으며 종자로 육묘할 경우는 뿌리를 잘 펴서 심어야 하므로 땅을 깊게 파야 한다. 밑거름의 시용량은 10a당 퇴비 1,125kg, 용성인비 또는 용과린 56kg, 초목회 56kg 내외가 적당하다.

4) 주요관리

봄에 싹이 트면 중경제초를 자주하되 발육상태에 따라 인분뇨 혹은 속효성 비료를 웃거름으로 1~2회 준다.
잎이 5~6배 정도 자란 6월 상순경 꽃대가 올라오게 되면 채종할 것 이외에 수시로 꽃대를 밑부분까지 잘라서 뿌리의 발육에 해가 되지 않도록 한다.

5) 수확 및 조제

아주심기 후 발육이 좋은 것은 심은 그해 가을 수확할 수 있다. 실생묘는 1~2년을 더 수확할 수도 있으나 심은 햇수에 따라 수확량이 정비례하는 것은 아니니 상황에 맞게 수확한다.
보통 잎이 황갈색으로 변하기 시작할 때부터 얼기 전까지 수확한다. 물에 씻은 다음 굵은 것은 쪼개고 가는 것은 그대로 양지바른 곳에서 말리되 빠른 시일 내에 말린 것이 상등품으로 평가받는다.
10a당 수확량은 생근의 경우 3,500~4,000kg 내외이고, 건근의 경우 1,000~1,200kg 정도다.

35 현삼

영명
Scrophulariae(olbhami) Radix

학명
Scrophularia buergeriana MIQUEL

과명
현삼과 Rhinanthaceae

+ **약용부위** 뿌리

01 성분 및 용도

① 성분

p-Methoxy cinnamic acid, harpagid(배당체) 등을 함유한다.

② 용도

한성, 소염, 해열제, 성약병으로 쓰인다.

③ 처방(예)

현삼산, 청열보혈탕등으로 처방한다.

④ 방약합편(황도연 원저)

미고, 성한하다. 상화를 맑게 하고 종기와 골증을 없애고 신기를 보할 수 있다.

02 모양

산과 들에 자라며 농가에서도 재배하는 여러해살이풀이다.

키는 1.5~2m 에 이르고 줄기는 네모졌으며, 잎은 맞돋이 잎이다. 잎에 잎자루가 있다.

형태는 긴 달걀꼴이며, 잎가는 날카로운 톱니갓둘레인데 가지가 별로 나지 않고 곧게 자란다.

7~8월에 줄기 위쪽에 연한 황록색의 작은 꽃이 많이 모여 핀다. 씨는 긴 둥근꼴이며 흑갈색에 양귀비씨(앵속)보다 약간 크다.

생약으로는 윤기가 있고 크기가 크고 잘 자란 충실한 것이 좋다.

뿌리의 경우 여러 갈래로 갈라진 뿌리로 지름은 1cm 내외, 길이는 20~30cm 정도다. 약간 눅진눅진하며 겉은 흑갈색, 안은 자갈색 띠가 있다. 생 뿌리는 백색이며 상처가 나면 백색의 진이 나온다. 뿌리를 말리면 흑색으로 변한다. 특이한 냄새가 나는 것이 특징이다.

03 재배기술

재배력

3월	4월	5월	6월	7월	8월	9월	10월	11월	12월	1월	2월
묘두 심기 (봄)				꽃대제거 병충해방제			묘두 심기 (가을)				
파종 (봄)	김매기 솎음						파종 (가을)				
아주심기 (봄)				꽃대제거 병충해방제			아주심기 (가을)				

■ 수확

1) 적지

① 기후

추위에 강하며 우리나라 전역에서 재배 가능하다.

② 토질

알맞은 습기에 배수가 잘 되고 비옥한 사질양토 또는 양토가 적당하다.

2) 번식

번식법은 묘두 또는 묘근을 심는 법과 실생법으로 나눈다.

실생법에는 모판 파종법과 직파법이 있으나 모판 파종법을 주로 이용해 번식한다. 묘두, 묘근으로는 번식하면 심은 그해에 굵은 뿌리를 수확할 수 있으나, 실생법으로 번식하면 뿌리가 작고 수확량이 적기 때문에 첫 재배나, 묘두를 갱신할 때에는 실생법을 이용하고 그 외에는 묘두, 묘근으로 번식하는 것이 좋다.

3) 아주심기

묘두로 번식하려면 가을 수확 시 괴근은 전부 약재로 만들고 남은 묘두를 사용한다. 이 묘두가 마르기 전에 땅에 묻어 두고 그해 가을(10월 중) 바로 심어서 월동하거나 다음 해 봄(3월 하순)에 일찍 심도록 한다.

심을 때는 45~60cm 정도의 골을 파고 기비를 준 다음 20~25cm 간격으로 하나씩 세워 심은 뒤 묘두가 보이지 않을 정도로만 흙을 덮어 준다.

4) 직파재배

종자로 직파할 때는 1.5~1.8m 높이의 두둑을 만들고 30~45cm 간격으로 얕은 골을 친 다음 씨를 뿌린다. 뿌린 후 종자가 보이지 않을 정도로 얕게 흙으로 덮는다.

씨가 작아서 건조하면 발아가 고르지 못할 우려가 있으므로 짚 같은 것으로 덮어 주고 날이 가물면 물을 준다. 가을에 뿌리면 발아율이 좋고 성장 속도도 빠르다.

육묘로 이식하려면 10a당 모판 33~49㎡(10~15평)를 준비하고 1.2~1.5m의 두둑을 지어 잘 고른 후 씨를 허튼으로 뿌리거나 골을 치고 씨를 뿌린다.

흙을 얕게 덮고 짚이나 풀을 깔고 나서 가뭄에 관수를 하는 일은 직파 때와 같고 파종량은 직파 시 10a당 0.9ℓ 내외, 모판 파종 시 0.5ℓ 내외가 적당하다.

모판 파종도 가을에 하는 것이 좋으며 비배 관리상 직파하는 것보다 모판 파종이 쉽다.

5) 주요관리

묘두 또는 씨로 가을에 심은 것은 다음해 4월 상순경 싹이 트고, 봄 3월 하순~4월 상순에 파종하면 20일 정도가 지나면 발아하고 60일 후, 즉 6

월 중순경에 30cm 정도로 자라 이식할 수 있는 모가 된다. 장마철에 되면 가능한 한 빨리 이식하는 것이 본포 생육기간을 연장하는 데 이롭다. 이식거리는 이랑나비를 30cm 내외로 하고, 포기사이를 15~18cm 정도로 해서 심는다. 7~8월경 꽃대가 올라오면 채종할 것을 제외하고는 꽃대 밑부터 잘라서 뿌리의 발육을 돕도록 한다. 중경 제초 시 배토를 하는 것이 좋다.

현삼은 거름을 많이 필요로 하므로 밑거름으로 10a당 퇴비 1,125kg, 용성인비 또는 용과린 37kg, 초목회 56kg 내외를 주고 웃거름으로는 유안 37kg 또는 인분뇨 750kg 내외를 심고 나서 얼마 후 한 번, 여름철에 한 번, 총 2번으로 나누어 준다.

6) 수확 및 조제

늦가을에 잎이 시들면 캐서 물에 씻은 후 2~3일 볕에 말렸다가 살짝 찐 다음 다시 볕에 말려 조제한다.

10a당 수확량은 생근으로 5,000~9,000kg정도이고, 건재로는 1,000~1,800 kg 정도이다.

36 백편두

영명
Dolich Semen

학명
Dolich lablab LINNAEUS

과명
콩과 Fabaceae

+ **약용부위** 종실

01 성분 및 용도

① 성분
단백질, 지방, 탄수화물, Ca, P

② 용도
온성, 지갈, 해독제, 영양강장, 곽란 등에 쓰인다.

③ 처방(예)
함유음으로 처방한다.

④ 방약합편(황도연 원저)
성 미량하다. 주독을 풀며 하기 화중하고 전근과 곽란을 고친다.

02 모양

열대 아시아가 원산지인 한해살이 덩굴풀이다.
줄기에 세 개의 작은 잎이 어겨붙어 나오고 어린잎은 넓은 달걀꼴이며, 끝은 뾰족하고 잎가에 톱니가 없이 밋밋하다. 여름 또는 가을에 잎 겨드랑이에서 긴 꽃대가 나오며 마디마다 3~4개의 나비모양의 흰꽃이 핀다.
종자가 백색인 것은 백편두, 흑색인 것은 흑편두라 한다. 약으로는 백편두를 이용하며 크고 충실한 것이 상등품이다.

03 재배기술

재배력

4월	5월	6월	7월	8월	9월	10월	11월	12월	1월	2월	3월
							■				
파종	파종	솎음	지주 세우기				수확				

1) 적지

① 기후

따뜻한 기후를 좋아해 우리나라의 중·남부지방에서 재배하는 것이 적당하다.

② 토질

토질을 가리지 않고 재배가 가능하나 배수가 잘 되는 사양토가 가장 적당하다. 너무 건조한 땅에 재배하면 다른 콩과 작물과 같이 경엽만 무성하고 종실 맺음이 잘 이뤄지지 않아 중등지 이하의 걸지 않은 곳에 알맞은 거름을 주고 재배하는 것이 좋다.

2) 파종

4월 중·하순경 이랑나비 60cm, 포기사이 30cm 내외 간격으로 한 곳에 2~3알씩 콩처럼 점파한다. 습기를 싫어해서 높이 이랑을 쳐 파종하는 것이 좋다. 최대한 빨리 파종해야 결실 기간을 길게 해 크고 충실한 종자를 수확할 수 있다. 그러나 너무 빠르면 풍뎅이, 진딧물 기타 충해를 입기 쉬우며 발아 생육상황이 좋지 못할 경우가 있으므로 지방에 따라 적기를 판단하는 것이 필요하다. 평균적으로 4~5월이 가장 적합한 시기라 볼 수 있다. 심는 거리와 간격에 있어서도 토질, 파종시기, 시비의 많고 적음, 재배방법 등에 따라 적당히 가감한다. 보통 농가에서 소량재배 때 공지를 이용하여 담장, 외양간 지붕같은 곳에 올려 재배하는데 이 또한 생육결실이 좋은 것으로 보아 편두는 평지재배보다도 공지를 이용한 재배가 이상적이라 하겠다.

3) 주요관리

파종 후 10일 내외에 발아하므로 본엽이 4~5매 되었을 때 한 포기에 1~2주만 남기고 솎아 준다. 지주를 세워 올려 주는 것도 도움이 된다.

거름은 중등 이상의 땅이면 10a당 용성인비 또는 용과린 56kg, 초목회 37kg 내외를 밑거름으로 주어 개화 결실을 돕게 하는 정도에서 그치도록 한다. 중등 이하의 땅이면 그 정도에 따라 기비로서 퇴비를 주며 웃거름으로 5월 중 인분뇨를 1~2회 준다.

4) 수확 및 조제

늦가을 서리가 온 뒤 덩굴을 걷어 열매만을 따서 양건 타작한다. 10a당 수량은 건재로 1,125kg 내외로 걷을 수 있다.
백편두는 가정에 상비하여 두면 급한 때 유용하게 쓸 수 있으며 일반 콩처럼 밥 등에 넣어 먹을 수 있다.

37 홍화

영명
Carthami Flos

학명
Carthamus tinctorius LINNAEUS

과명
엉거시과 Carduaceae

01 성분 및 용도

① 성분

적색소(Carthamine), safrol gelb.

② 용도

부인병 통경, 식용색소 등으로 쓰인다.

③ 처방(예)

활혈통경탕, 홍화산 등으로 처방한다.

④ 방약합편(황도연 원저)

미신 성온하다. 어열을 없애며 많이 쓰면 통경하고 적게 쓰면 양혈한다.

02 모양

화학 염료가 없었던 시절에 여인들의 연지 제조 원료로써 집 근처에 심었던 풀이다. 이집트가 원산지로, 우리나라 전역에서 재배하는 한해살이풀이나 따뜻한 곳에서는 두해살이도 가능하다.

키는 1m쯤 되며, 잎은 어겨나면서 피침꼴이다. 잎 가장자리에 가시가 붙은 톱니 갓둘레이다.

6~7월경 줄기 끝에 황홍색의 꽃이 한 송이 피는데 꽃받침에 가시가 돋혀 핀다. 씨는 흰색이며 약간 납작하게 된 둥근골이고 팥알만한 크기다.

생약으로 쓰이는 꽃은 황주적색에 윤기와 향기가 있으며, 물에 넣어 탈색하지 않은 것이 좋다.

03 재배기술

재배력

3월	4월	5월	6월	7월	8월	9월	10월	11월	12월	1월	2월
파종		김매기 솎음	수확				파종 (남부 지방)				

1) 적지

① 기후

우리나라 전역에 재배할 수 있으나 기후상 따뜻하고 바람이 잘 통하는 중·남부지방이 적당하다.

② 토질

배수가 잘 되는 양토로서 표토가 깊고 건조 정도가 중간 정도의 땅이 이상적이다.

2) 파종

이랑사이를 45cm 간격으로 해서 골을 치고 씨를 뿌린 후 1.0~1.5cm 높이로 얕게 흙을 덮는다.

이때 짚, 건초를 이용해 흙이 보이지 않을 정도로만 덮고 줄을 쳐서 바람에 날리지 않도록 한다. 이 방법은 땅의 건조를 방지하여 발아가 잘 되게 하는 것 외에도 새에게 쪼아 먹히는 피해를 예방하는 등 일거양득의 효과를 얻을 수 있다.

홍화씨는 새들이 즐겨 먹는 씨로 한번 씨 뿌린 곳을 알고 먹기 시작하면 전부 먹어치우는 경우가 흔하니 주의해야 한다.

씨뿌리는 시기는 중·북부 지방에서는 4월 상순에, 남부지방은 가을에 파종하는 것이 좋다.

봄에 심는 것은 경엽이 완전히 크지 못한 채 꽃이 펴 수확량이 가을에 심는 것보다 적다.

3) 주요관리

파종 후 8~15일이 지나면 발아해 밴 곳은 솎아 주되 마지막 포기사이는 9~12cm 정도의 간격을 둔다.

중경 제초는 20~24cm 정도 자랄 때까지 수시로 해 주며 마지막 중경 때 흙을 그루 밑에 북돋아 주어 그루가 바람에 쓰러지지 않도록 한다.

시비는 질소, 인산, 칼리의 순으로 필요하지만 재배지의 조건에 따라 질소비료를 적당히 조절하고 인산, 칼리비료를 가용하여 성장이 잘 이루지고 수확량이 늘어날 수 있도록 한다.

기비는 땅의 걸기, 중등 정도에 따라 10a당 퇴비 600kg, 인분 750kg, 용과린 또는 용성인비 20kg, 초목회 37kg 정도를 주며 웃거름은 본엽이 3~4매 자랐을 때인 4월 하순 안쪽에 준다. 이때 잘 썩은 인분을 물에 타거나 유안을 물에 타서 한차례 정도만 주는 것이 좋다.

병충해의 경우 진딧물의 피해가 있으니 세심히 관찰해서 발생초기에 메타시스톡스나 피리모를 살포하면 구제할 수 있다.

4) 수확 및 조제

우리나라 중·남부에서는 봄에 파종하면 6월 중·하순경 꽃이 피는데 노란색으로 핀 꽃은 차츰 붉어지고 나중에는 검붉은 색으로 변했다가 시든다. 수확시기는 6월 하순경 꽃색이 붉은색으로 변했을 때, 즉 꽃이 핀 2~3일 후가 적당하며 너무 이르거나 늦어지면 품질이 좋지 못하고 더 늦으면 수확량도 떨어진다.

꽃잎을 딸 때는 꽃받침의 가시가 사나우므로 조심한다. 한낮에 물기가 없이 따면 잘 따지지 않기 때문에 아침 이슬이 마르기 전에 따면 쉽기는 하나 젖어서 꽃잎이 찢어지므로 조심한다.
특히 꽃잎 수확은 딸 때 수확물이 덩어리가 지고 물기에 젖어 말리는데 어려움이 있으므로 가죽장갑을 사용하거나 손 끝에 가죽골무를 끼는 등 적절한 대책을 고안하여 낮에 따는 것이 이상적이라 하겠다.
수확한 꽃잎은 종이를 깔고 잘 펴서 바람이 잘 통하는 곳에 두어 음지에서 말린 후 종이 포대 등에 넣어 습기가 없는 곳에 잘 보관한다. 10a당 말린 꽃잎의 생산량은 6~9kg이고, 생화의 건조 비율은 18% 내외이다.
채종은 꽃잎 채취 후 그대로 두었다가 7월 하순경 경엽이 황갈색으로 변하고 씨가 여물면 베어서 햇볕에 말려 타작한다. 10a당 채종량은 36kg 내외이다. 홍화종자는 특히 쥐가 즐겨 먹으므로 저장에 조심한다.

38 자소

영명
Perillae Folium / Perillae semen

학명
Perilla sikokiana NAKAI

과명
꿀풀과 Lamiaceae

+ 약용부위 잎과 줄기, 종실

01 성분 및 용도

① 성분

전초 : 정유로서 주성분은 perilla-aldehyde다. 특유의 향기가 있다.

잎 : 자홍색소는 Cyanin 및 아페닌 등 함유

종실 : 지방유에서 니노루산, 스테아린산 함유

② 용도

흥분성발한, 진해, 진성, 해열, 건위약으로 쓰인다.

③ 처방(예)

곽향정기산, 반하후박탕, 삼소음 등.

④ 방약합편(황도연 원저)

소엽 : 미신하며 풍한을 해소시킨다. 가시는 능히 하기하여 창만을 가라앉게 한다.

소자 : 미신하다. 개담, 하기하며 지해, 정천하고 심폐를 윤택하게 한다.

02 모양

원산지가 중국이며, 우리나라 전역에서도 재배 가능한 한해살이풀이다. 전초가 자색을 띠고 있으며 향취가 있다. 줄기는 네모꼴이고 가지를 많이 치며 줄기 키는 30~90cm까지 자란다.

잎은 맞 돋아나고 잎자루가 길며 넓은 달걀꼴로 끝이 뾰족하다. 8~9월경 총상꽃차례로 줄기위 또는 잎 겨드랑에 꽃대를 낸 다음 작고 엷은 자색꽃을 많이 피운다. 씨는 들깨씨보다 약간 작다.

자소는 한 번 재배하면 씨가 땅에 떨어져 그 자리에 다시 싹이 터 번식할 수 있는 것이 특징이다.

생약은 잎의 앞뒤면이 자색이며 신선한 향기가 강하게 나는 것이 좋은데

잎의 한면이 파란 것도 사용할 수 있다.

03 재배기술

재배력

3월	4월	5월	6월	7월	8월	9월	10월	11월	12월	1월	2월
						■	■				
파종 (직판,모판 같음)		솎음	아주 심기 (이식 재배)			수확 (소엽)	수확 (소자)				

1) 적지

① 기후

초성이 매우 강하며 우리나라 전역에서 재배할 수 있으나 온도가 높으며 습기가 알맞은 곳에서 잘 자란다. 중·남부지방에서의 재배가 잘 이루어진다. 햇빛이 잘 드는 곳에서 재배하는 것이 좋다.

② 토질

잎을 수확할 목적으로 재배할 때는 비옥한 땅에 심는 것이 좋으며, 종자를 목적으로 재배할 때에는 땅의 비옥도가 중간 정도 되는 곳에 심는 것이 유리하다. 배수가 잘 되는 사질양토나 식질양토에서 잘 자라며, 부식질이 많은 양토에서도 성장이 좋다. 토성은 중성이 알맞으며 이어짓기는 피하는 것이 좋다.

2) 품종

소엽은 자소엽과 청소엽, 단면자소엽으로 나눈다. 자소엽은 잎이 자색이고 키는 작은 편이나 가지를 많이 치는 반면 씨앗이 작은 축에 든다.
잎을 약재로 쓸 때는 자소엽이 적당하다. 청소엽은 잎이 엷은 붉은색이고 키는 큰 편이나 가지가 적으며 씨앗은 큰 편이다.

청소엽이나 단면자소엽은 자소엽의 대용으로, 씨앗은 그대로 약용에 쓰인다. 씨앗은 자소자보다는 값이 싸다.
경엽을 목적으로 할 때는 자소엽을 심는 것이 좋으며 소자를 목적으로 할 때도 자소엽을 심는 것이 좋으나 청소엽이 씨앗이 대립으로 수량이 많으니 필요에 따라 골라 심는다.

3) 재배양식

직파재배법과 육묘이식재배법으로 재배한다.

① 직파재배

Ⓐ 파종시기

주로 봄에 파종을 하는데 너무 빠르거나 늦게 파종하면 수확량이 떨어진다. 시험결과 4월 10일 파종한 것이 크고 분지수가 많으며 수수가 많아서 건경엽 및 종실수량이 늘어난 것을 확인할 수 있었다.
파종량은 조산파의 경우 10a당 4ℓ가 적당하고 포기사이를 25cm로 점뿌림할 경우 1ℓ가 든다.
파종 후 흙덮기는 체로 쳐서 1~2mm 정도로 얕게 뿌려 씨앗이 보이지 않을 정도로만 덮는다. 그리고 그 위에 짚이나 건초를 덮어 주면 발아가 빨리, 균일하게 이뤄진다.
전초 수확을 목표로 할 때는 좀 배게 키우고 잎과 씨앗을 목적으로 할 때는 드물게 하여 포기 하나하나가 충실히 자라도록 하는 게 좋다.

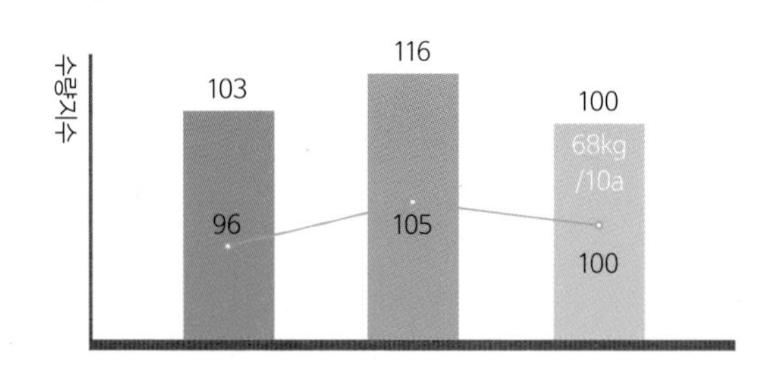

파종기	3.25	4.10	4.25
주당삭수(개)	52	58	59
주당수수(개)	130	140	120
분지수(개)	25	288	25

〈그림1〉 시험성적

Ⓑ 재식거리

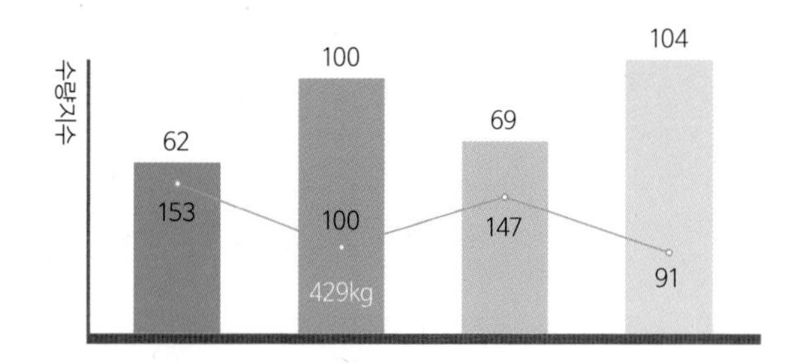

주간(cm)	조산파	25cm 점파	조산파	25cm 점파
주간(cm)	60cm		75	
㎡당 삭수(개)	35,673	39,363	35,616	45,358
주당 수수(개)	51	125	53	179
㎡당 분지수(본)	451	177	365	115
경장(cm)	116	112	120	114

〈그림2〉 시험성적

마른 잎과 줄기를 목적으로 할 때와 종실 수량을 목적으로 할 때 다르게 하는데 마른 경엽을 수확하기 위해서는 조간을 60cm로 조산파해야 포기사이를 25cm로 점뿌림한 것보다 53% 가량 수확량을 늘릴 수 있다. 씨앗을 목적으로 할 때는 조간을 75cm로 하고 포기사이를 25cm로 점뿌림을 해야 수확량이 증가하므로 수확 목적물에 따라 재식거리를 조절하는 것이 중요하다.

② 육묘이식재배

Ⓐ 육묘

육묘이식재배는 토지 이용 측면에서 유리하며 모판 관리가 쉬워 집약적인 재배를 할 때는 이 방법을 쓴다.

육묘이식재배로 수량을 높이려면 첫째 건묘를 육성하고 둘째 파종기를 빠르게 하여 경엽이 빨리 무성하도록 하는 것이 중요하다.

파종시기는 직파재배법과 동일하게 한다. 모판은 햇빛이 잘 드는 땅을 골라 단책형냉상으로 1.2m 내외의 두둑을 만들고 땅고르기를 한 다음 흩뿌림하거나, 15cm 내외의 간격으로 넓은 골을 치고 줄뿌림한다.

밑거름은 복합비료를 3.3㎡(1평)당 15g을 넣고 흙과 잘 섞은 후 고른다. 10a당 모판면적은 33~49.5㎡(10~15평) 정도 소요되며 모판에 들어가는 파종량은 0.6ℓ정도다.

모판에 파종한 것은 발아가 시작되면 짚이나 건초를 걷어 주고 솎음을 자주해 모가 웃자라지 않도록 한다.

모가 4~5cm 정도 자랐을 때 가식했다가 30일 묘로 아주심기한다.

Ⓑ 아주심기

종실을 목적으로한 자소의 아주심기 아주심기시기는 5월 상순에 30일 사이로 묘로 아주심기하는 것이 씨앗 수확량을 높일 수 있다.

잎과 줄기를 목적으로 할 때의 거름주기는 다비재배도 가능하지만 그 양이 너무 많으면 잎이 떨어져 수확량이 줄어들수 있으니 유념한다.

종자를 목적으로 할 때는 시비량을 조절하는 것이 좋다.

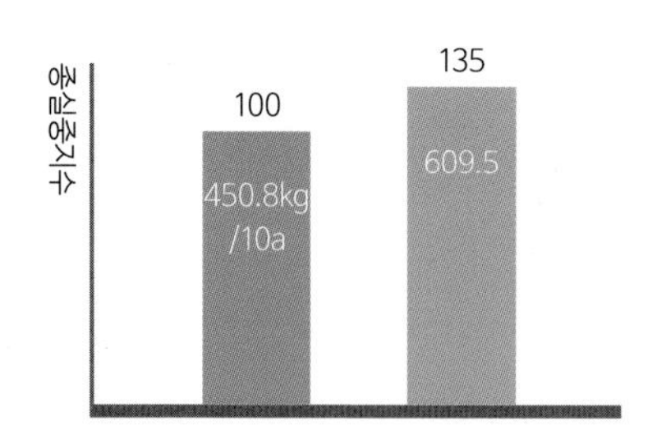

아주심기(월,일)	5.30	5.10
육묘기간(일)	40	30

〈그림3〉 시험성적

1년에 1번 수확하는 경엽의 경우 6월 중 한 번 복합비료를 시용하고, 1년에 2번 수확하는 경엽의 경우 1차 수확 직후 한 번 더 웃거름을 준다. 이때 복합비료 40kg을 시비하면 경엽 성장에 도움이 된다.

육묘이식하여 종자 수확을 목적으로 재배할 때는 생육이 극히 나쁘지 않으면 웃거름의 사용을 하지 않는 것이 좋다.

자소시비량

(kg/10α)

구분 / 종류	밑거름	웃거름
퇴비	700	-
용과린·용성인비	40	-
초목회	80	-
복합비료	-	40

4) 병충해 방제

병해는 별로 없으나 6월 하순 경부터 8월 중순까지 청벌레가 발생하는 충해가 발생한다.

일반적으로 DDVP 1,000~2,000 배액을 살포하는데 이 농약도 수확 1주일 전까지만 살포해야 하며 수확을 1주일 남겨 두고 살포하면 먹는 사람에게 해가 되므로 주의한다.

5) 수확 및 조제

한 해에 2회 수확할 시 첫 번째 수확은 7월경에 한다. 이때 자소의 줄기를 2~3마디 남겨서 베고 두 번째 수확은 경엽이 완전히 자랐을 때인 8월 하순경에 하는 것이 좋다.

전초를 수확할 때는 유효성분 함유량이 가장 높은 꽃의 만개기에 실시한다. 베어낸 전초는 1~2일 햇빛에 말린 다음 끈으로 엮어서 비가 들지 않고 바람이 잘 통하는 곳에 매달아 말리거나 방석 등에 널어 햇볕에 말린다. 저녁에는 밤이슬에 맞지 않도록 조심해야 변색하지 않은 우량품을 생산할 수 있다.

잎이 먼저 마른 후 작은 줄기가 마르는데, 굵은 줄기는 잘 건조되지 않고 품질만 떨어뜨리므로 잘라 버리고 가는 잎과 함께 줄기만을 포함해 마른 잎을 만든다.

씨앗을 수확하는 적기는 9월 하순경이며 종자가 대개 결실되었을 때 베어서 들깨단 묶듯이 묶어 말린 후 씨를 털어서 조제한다.

수확시기가 너무 늦으면 씨앗이 그냥 땅에 떨어져 수확량이 감소하므로 적기에 수확해야 한다.

경엽을 2회 수확 시 수확량은 10a당 400kg 내외이고 종자는 90kg 정도이다. 경엽의 건조비율은 20% 내외다.

39 향부자

영명
Cyperi rotundi Rhizoma

학명
Cyperus rotundus L.

과명
방동산이과 Cyperaceae

+ **약용부위** 근경

01 성분 및 용도

① 성분

정유, cyperene, cyperol을 함유하고 있다.

② 용도

월경불순, 산전산후, 두통, 부인병에 쓰인다.

③ 처방(예)

향소산, 향사육군자탕, 죽여온담탕 등으로 처방한다.

④ 방약합편(황도연 원저)

미감하다. 숙식을 삭히고 개울, 조경하며 통증도 멎게 한다.

02 모양

각지에서 재배하고 있는 여러해살이풀로서 부인병에 묘약으로 널리 알려진 약이다.

줄기는 밑쪽이 둥글고 위쪽은 세모꼴이며, 키는 40~70cm에 이르고 있다. 잎은 어겨붙었으며 아래쪽 줄기는 안은 형상으로 핀다. 잎끝으로 갈수록 넓이가 좁아진다. 길이는 30~60cm에 달하며 좁은 선형으로 되었다. 7~8월에 이삭을 내며 짙은 갈색의 작은 꽃이 핀다. 근경의 군데군데에 괴경이 있으며 황갈색으로 독특한 향이 있다.

생약으로는 비대 충실하고 내부가 담색으로 향미가 강한 것이 좋다.

부자와 혼동하는 경우가 종종 있는데 식물의 형태나 용도가 완전히 다르므로 확인 후 구입한다.

03 재배기술

재배력

4월	5월	6월	7월	8월	9월	10월	11월	12월	1월	2월	3월
▲							■				
아주 심기			중경 제초	웃거름			수확		씨뿌리 저장		

1) 적지

① 기후

제주도가 주 야생지로 따듯한 기후를 좋아하는 듯하나, 우리나라 중·남부지방에서도 재배가 가능하며 경상북도 고령과 경기도 평택에서도 재배가 활발하다.

② 토질

향부자는 모래땅이나 해안지대 또는 논두둑이나 길가 등의 척박한 땅에서 잘 자란다. 비옥한 땅에서는 줄기와 잎만 무성하고 약으로 쓰이는 뿌리는 충실치 못하니 재배지 선정에 유념해야 한다. 진흙에 심으면 가을에 수확할 때 뿌리가 사방으로 엉켜서 캐기가 매우 곤란하므로 너무 비옥하지 않은 모래 참흙 또는 모래흙이 재배에 적당하다.

2) 품종

향부자의 품종은 단일 품종으로 줄기는 밑쪽이 둥글고 뒤쪽은 세모꼴이다. 마디에서 모가 생기며 키가 60cm까지 자라난다.

잎의 넓이는 6mm 정도이고 길이는 30~60cm로 좁은 선 모양의 여물고 진한 녹색을 띠며 광택이 난다. 논밭에 흔히 나는 방동산이와 구별하기 어려울 정도로 흡사하기 때문에 품종 선택 시 특히 유의한다.

3) 번식

보통 뿌리줄기로 번식한다. 향부자는 번식력이 강하여 씨뿌리 한 개에서 수백 포기의 번식이 가능하나, 추위에는 대단히 약하므로 저장에 주의한다. 씨뿌리의 저장방법은 아궁이 앞을 60cm 정도로 파고 마른 모래와 첩첩이 쌓아넣고 흙을 덮어 두는 것으로 이때 주의해야 할 점은 씨뿌리가 얼면 썩어버리므로 얼지 않도록 깊이 묻어야 한다는 점이다. 땅속 온도는 10℃이상이 되도록 하는데 제주도에서는 포지에서도 월동이 가능해 한번 심으면 밭에 묵혀서 재배할 수 있다.

4) 아주심기

① 아주심기시기

남부지방은 4월 상순~중순, 중부지방은 4월 중순~하순이 적기이다.

② 씨뿌리소요량

본포에 심을 씨뿌리의 소요량은 10a당 30~60kg 정도가 적당하다.

③ 심는 방법

토질에 따라 심는 간격에 차이가 있으나 일반적으로 이랑나비 30cm의 골을 치고 포기사이 20cm로 건전한 씨뿌리 한 개씩을 놓고 흙을 3~5cm 덮는 방법으로 심는다.

그러나 최근 전남 농촌진흥원에서 시험한 결과 이랑나비 40cm에 포기사이 20cm 간격으로 심는 것이 뿌리수량이 가장 많았다는 결론이 나와 관심을 끌었다.

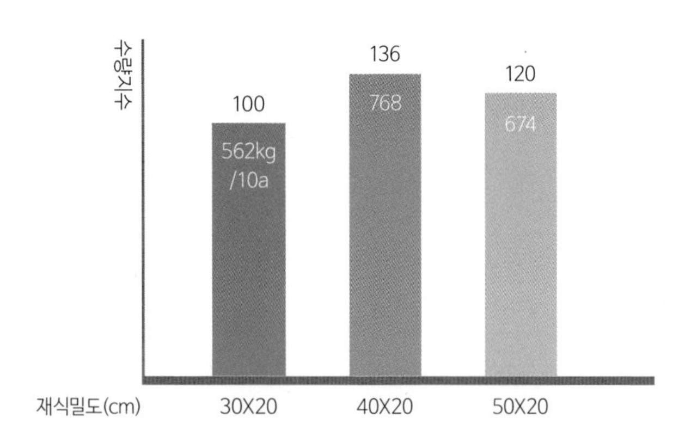

〈그림1〉 향부자의 재식밀도에 따른 뿌리 수량

5) 주요관리

심은 후 20일 정도가 되면 싹이 튼다. 거름을 비옥한 땅에서는 줄 필요가 없으나 그렇지 못한 땅에서는 밑거름으로 퇴비 750kg 정도를 주고 웃거름은 생육상태에 따라 한두 차례 시비한다. 시비량이 너무 많으면 줄기와 잎이 웃자라서 뿌리가 충실하지 못하다. 처음에는 풀매기를 잊어서는 안 된다. 향부자는 병충해가 거의 없어 재배가 매우 쉬운 약초이다.

6) 수확 및 조제

① 수확

가을 첫서리가 온 후 줄기와 잎이 말라 시들면 줄기와 잎을 낫으로 베어버리고 밭을 갈아서 뿌리를 뒤엎은 후 그대로 2~3일 동안 햇빛에 말린 다음 쇠스랑 같은 것으로 긁어 모은다. 긁어 모은 것을 다시 수일 동안 햇빛에 잘 말린 후 불을 놓아 잔뿌리를 태운 다음, 다시 햇빛에 말린다.

② 조제

충분히 말린 뿌리는 절구에 넣고 겉이 반지르르하게 찧은 후 조제한다. 건재는 충실하고 잔털이 없으며 속이 청청한 것이 좋다. 조제된 뿌리의 10a당 생산량은 보통 120kg 정도이고, 잘 되었을 때에는 250~300kg까지도 생산할 수 있다.

40 하수오

영명
Polygoni Radix (적하수오)

학명
Pleuropterus multiflorus

과명
마디풀과

+ 약용부위 뿌리

01 성분 및 용도

① 성분

Lecithin, Antraquinone 다량의 전분과 지방을 함유한다.

② 용도

보혈, 강장, 강정, 신경통, 완화제, 백모 등에 쓰인다.

③ 처방(예)

칠보미발단, 하인음 등으로 처방한다.

④ 방약합편(황도연 원저)

미감하다. 수태에 좋으며 첨정하고 두발을 검게 하고 안색을 아름답게 한다.

02 모양

중국 원산지인 덩굴성식물로 1~2m정도 자란다. 전체에 털이 없으며 뿌리는 땅속으로 뻗으면서 때때로 둥근 덩이뿌리로도 자란다.

잎은 호생하며 엽병이 있고 난상심형으로 끝이 뾰죽하고, 턱은 심저이며 가장자리는 밋밋한 모양으로 길이는 3~6cm, 넓이는 2.5~4.5cm까지 자란다. 탁엽은 짧은 원통형이다.

꽃은 희고 8~9월에 피며 가지끝이 원추화서에 달린다.

꽃받침은 5개로 깊게 갈라지며 길이는 1.5~2mm로 작으나, 꽃이 핀 다음 계속 자라 5~6mm까지 큰다. 꽃잎은 없고 수술은 8개이며 꽃받침보다 짧다. 씨방은 난형이며 3개의 암술대가 있다. 수과는 3개의 날개가 있으며 꽃받침으로 싸여서 길이가 7~8mm쯤 되고 세모진 난형의 열매의 길이는 2.5mm쯤 된다.

뿌리는 둥근 덩이뿌리와 뻗은 뿌리 등 다양하게 자란다.

03 재배기술

재배력

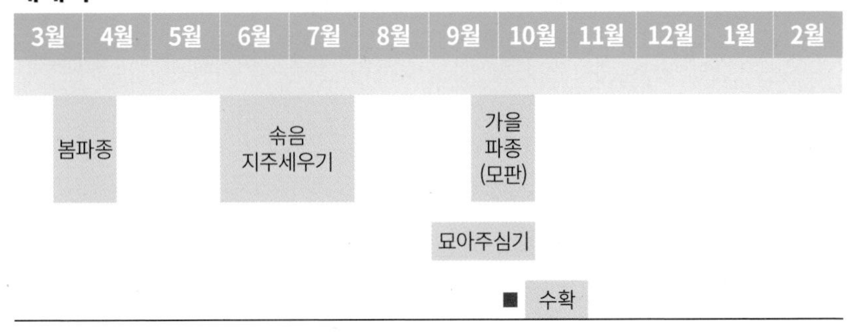

1) 적지

① 기후

하수오는 원래 산에 자생했던 것이나, 우리나라 전역에서도 재배가 가능하다.

② 토질

표토가 깊고 배수가 잘 되며 적습한 사질양토 및 식질양토에서 잘 자란다. 습하거나 배수가 잘 되지 않으면 뿌리가 썩기 쉽고 가뭄이 심한 땅에서는 성장이 더디므로 재배지 선정에 주의한다.

2) 품종

백하수오와 적하수오로 분류한다(전면 사진 참조).

① 백하수오

줄기와 잎이 옅은 녹색으로, 뿌리는 황백색이다. 적하수오에 비해서 가늘고 길게 뻗는다.

② 적하수오

잎은 짙은 녹색이고 줄기는 붉으스름한 색을 띤다. 뿌리는 옅은 붉은색으로 고구마와 비슷하게 생겼다.

3) 번식

종자와 묘두, 분근법에 의해서 번식한다.

① 육묘이식법

모판은 3월 중·하순 경에 잘 썩은 퇴비를 충분히 시용하고 갈아 땅고르기를 한 다음 두둑을 1~1.2m 넓이로 짓고 흩뿌림 또는 줄뿌림한다.

본포 10a당 모판 면적 66㎡(20평)이 적당하며 모판면적 20평에 뿌리는 종자의 양은 2ℓ가 적당하다.

종자가 작아 파종할 때는 5배 정도의 잔모래와 섞어 뿌리면 고르게 뿌릴 수 있다. 파종 후 초목회와 밭흙을 섞어 채로 친 것을 종자가 보이지 않을 정도로 덮고 그 위에 짚을 덮어 습기가 날아가지 않도록 한다. 이후 가끔씩 물을 주면 20일이 지나 발아한다.

생육상태를 보아 모판의 웃거름으로 원예용 유기질 비료나 깻묵 썩힌 것을 10배의 물에 타서 시용하면 건묘를 만들 수 있다.

② 분근법

괴근을 4~6cm 길이로 잘라 초목회를 묻혀서 심는 방법인데 비교적 작업이 간편하다.

4) 아주심기

심는 시기는 가을 9월 하순~10월 중순경이며 봄은 3월 하순~4월 중순이 적기다.

밑거름은 10a당 퇴비 1,500kg, 용성인비 또는 용과린 60kg, 초목회 100kg를 시용하며 1.2~1.5m의 두둑을 만들어 심는다.

심는 거리는 이랑나비 45cm, 포기사이 15~20cm가 적당하고 심고 나서 3~5cm 높이로 흙을 덮어 준다.

심은 뒤에는 가급적이면 짚을 덮어 주는 것이 좋다.

5) 주요관리

아주심기 후에는 수시로 김매기를 하고 생육상태를 보아 웃거름으로 원예용 유기질비료와 깻묵을 잘 썩혀 시용한다.

인분뇨를 시용했을 경우 고자리파리의 피해가 생길 수 있으니 해당 살충제를 뿌려 주어야 한다. 덩굴이 50cm 정도 자라면 지주를 세워 땅에 깔리지 않도록 한다.

중·북부지방에서는 추위가 닥치기 전 월동관리를 위해 짚, 덜 썩은 퇴비, 건초 등을 덮어 주면 눈이 있는 부분의 동해를 막을 수 있다.

6) 수확 및 조제

아주심기한 지 2~3년 후 괴근이 굵어지면 수확하는데, 앞으로는 비옥지 재배, 다비재배로 재배기간을 단축하는 데 주력하여야 생산량을 늘릴 수 있을 것이다. 뿌리를 캘 때는 상하지 않도록 주의한다. 괴근은 물에 씻어 딱딱한 플라스틱 솔이나 망사장갑을 끼고 문질러 껍질을 벗긴 후 햇빛에 말린다. 심은 지 2년 만에 수확할 경우 10a당 건재 400~500kg 정도의 수확량을 올릴 수 있다.

사진 사용을 허락하여주신 약용식물
사진작가 김낙수(전직 교사)님과 한국약용
식물원 박대양 대표님께 감사드립니다.

고소득 약초재배 개정2판

2012. 01. 05 **개정판 1쇄 발행**
2019. 12. 30 **개정2판 1쇄 발행**

엮은이 유수열

발행인 김중영
발행처 오성출판사
주소 서울시 영등포구 양산로 178-1
전화 02. 2635. 5667~8
팩스 02. 835. 5550
홈페이지 www.osungbook.com
출판등록 1973년 03월 02일 제13-27호
디자인 커뮤니케이션 디오 (02. 302. 9196)

ISBN 978-89-7336-842-6

이 도서의 국립중앙도서관 출판예정도서목록(CIP)은 서지정보유통지원시스템 홈페이지(seoji.nl.go.kr)와 국가자료종합목록구축시스템(kolis-net.nl.go.kr)에서 이용하실 수 있습니다.
(CIP제어번호 : CIP2020004577)